低碳生活你我他

家居节能篇

孙亚锋　李　雪　主编

中国农业科学技术出版社

图书在版编目（CIP）数据

低碳生活你我他．家居节能篇 / 孙亚锋，李雪主编．—北京：中国农业科学技术出版社，2015.1

ISBN 978-7-5116-1627-2

Ⅰ．①低… Ⅱ．①孙…②李… Ⅲ．①节能—普及读物 Ⅳ．①TK01—49

中国版本图书馆 CIP 数据核字（2014）第 078904 号

责任编辑 李 雪 穆玉红
责任校对 贾晓红
出版发行 中国农业科学技术出版社
北京市中关村南大街 12 号 邮编：100081
电 话（010）82106626 82109707（编辑室）
（010）82109702（发行部） 82109709（读者服务部）
传 真（010）82109707
网 址 http：//www.castp.cn
经 销 各地新华书店
印 刷 北京地大天成印务有限公司
开 本 710mm × 1 000mm 1/16
印 张 8.75
字 数 146 千字
版 次 2015年1月第1版 2018年7月第8次印刷
定 价 29.00 元

内容简介

本书以图文并茂的形式、通俗易懂的文字轻松地勾勒出关于家居环境中的低碳生活，内容包括如何采取有关减少碳排放和实现低碳生活的方法、如何选择购买低能耗的建筑、如何装修自己的节能居室、如何选择节能型的家电及其使用方法等。

本书可帮助广大读者在日常生活小事中做好节能减排。趣味漫画容易理解，贴近实际、贴近生活，突出了科学性和实用性，是人们学习新知识、了解新动态、掌握新方法的好帮手，也是一本优秀的科普读物，同时更是“科普图书室”“农家书屋”“社区书屋”以及家庭所需的优秀书目。

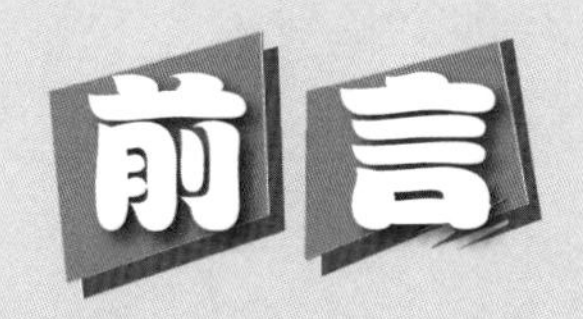

前言

人类只有一个可生息的村庄——地球，可是这个村庄正在被人类制造出来的各种环境灾难所威胁：水污染、空气污染、植被萎缩、物种濒危、江河断流、垃圾围城、土地荒漠化、臭氧层空洞……不要以为“拯救地球”是那些大科学家和超人们该做的事！我们所做的每一件小事都可能关系到地球的存亡！作为居住在地球上的村民，我们不能仅仅担忧和抱怨，而必须行动。在此背景下，“低碳”等系列新概念、新理念应运而生。

“低碳”其实离我们的生活并不远。它是一种将低碳意识、环保意识融入日常生活的态度，就是在日常生活中从自己做起，从小事做起，最大限度地减少一切可能的能源消耗。低碳生活首先要树立低碳意识、付诸行动，其次，要学习低碳节能知识和低碳节能技能，然后就是贵在坚持、养成习惯，并鼓励他人和自己一起倡导和践行低碳生活。

本书以图文并茂的形式、通俗易懂的文字轻松地勾勒出家居环境中，关于住宅节能、家居节能、新能源生活以及减少生活垃圾等各方面的低碳生活细节。全书图文并茂，浅显易懂，生动有趣，老少皆宜，适合所有对低碳环保感兴趣的读者阅读。书中的每一个小细节都是在科学严谨的基础上，立足生活，力求实用，具有可操作性，可以引领广大读者走进低碳生活，快速成为低碳生活的时尚达人。是您创新生活方式、提高生活品位的好帮手。

低碳生活，还不知道从哪个地方开始做起？那就一起来看看这本书会带给你一些什么有用的妙计、招数吧！

编　者

2014 年 12 月

第一章　低碳常识　1

第二章　住宅节能　11

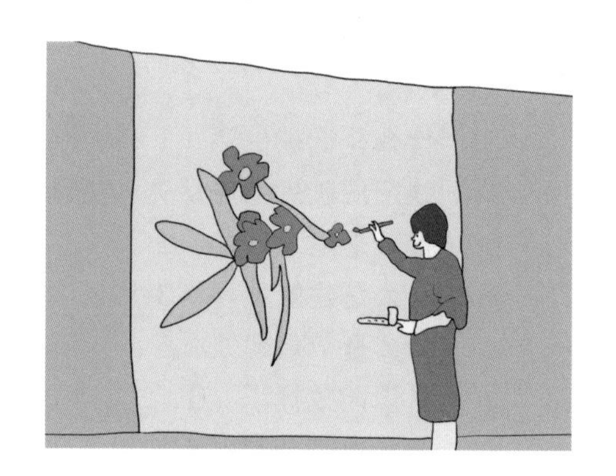

第四章 新能源生活 105

第五章 减少生活垃圾 115

第一章 低碳常识

什么是低碳生活？践行低碳生活应从哪些方面入手？……了解低碳常识，掌握低碳生活技能，对节约能源、提高家庭生活质量、保护好我们赖以生存的家园具有积极而重大的意义。

据估算，目前中国建筑能耗约占全社会终端能耗总量的25.5%，在未来居住条件改善和城市化进程中，这个比例还会持续上升到40%左右。下面，我们就从低碳常识入手，向您介绍在个人居住生活中，采取有关减少碳排放和实现低碳生活的方法。

☆ 什么是低碳生活

低碳生活，就是指生活作息时所耗用的能量要尽可能地减少，从而降低碳，特别是二氧化碳的排放量，减少对大气的污染，减缓生态环境恶化。

具体地说，低碳生活就是在不降低生活质量的前提下，通过改变一些生活方式，充分利用高科技以及清洁能源，从而减少煤、石油、天燃气等化石燃料和木材等含碳燃料的耗用，降低二氧化碳排放量，减少能耗，减少污染，达到遏制气候变暖和环境恶化的目的。

低碳生活以低能耗、低污染、低排放为特征，代表着更健康、更自然、更安全的消费理念，达到人与自然和谐共处的境界。

☆ 践行低碳生活应从哪些方面入手

日常生活包括衣、食、住、用、行等几个方面，大众践行低碳生活主要从这几方面注意节能减排。

1. 选择“低碳住房”、“低碳装修”、“低碳着装”、“低碳饮食”、“低碳消费”的生活方式，在日常生活中，注意节约，充分利用旧物，减少垃圾，做到垃圾分类及科学处理，多养花草来吸收二氧化碳。

2. 生活中处处注意节能减排。节电、节水、节煤、节气是实现节能减排的主要措施。目前，中国用电多是用燃煤发的火电，自来水的调运、生产、输送等也需要耗电。因此，节电、节水等都可间接地节省燃煤，减少二氧化碳等气体的排放，利于环境的保护。

3. 选择低碳出行方式，尽可能减少燃油的消耗。离家较近的上班族可骑自行车上下班；短途旅行选择火车而不搭乘飞机；在驾驶汽车时掌握节油技巧。

4. 充分利用现代科技成果，在生活中，用太阳能、沼气等清洁能源代替煤、石油、天然气等传统能源。

☆ 什么是建筑节能

根据能源专家的测算，在所有的节能措施中，建筑节能是最有经济效益、减排成本是最低的，所以也应该是最先采取行动的领域。

建筑节能，简单地说就是减少建筑物能源消耗，提高建筑物能源利用效率。根据《民用建筑节能条例》，建筑节能是指在保证建筑使用功能和室内热环境质量的前提下，降低其使用过程中能源消耗的活动。因此，这里说的建筑用能是狭义的概念，仅包括建筑物使用过程中的能耗，如采暖、空调、照明等方面的能耗，而不包括广义的建筑材料生产、建筑施工等方面的能耗。建筑能耗，与工业、农业、交通运输等能耗并列，属于民生能耗。

☆ 什么是建筑能耗

建筑能耗主要由家用电器消耗的电力、炊事器具消耗的燃气和采暖热力等组成，在城乡也有一些家庭直接用煤作为能源。

电能，在使用过程中没有污染，广泛应用于城市生活。但与此同时，发电产生的间接污染对当地影响很严重，目前我国电力至少八成来自燃煤电厂。在电厂发电过程中，会排放出大量的温室气体和影响公众健康的污染物。与燃烧天然气和石油相比，煤的热值是最低的，所以排放的温室气体也相对最多。

燃气，主要包括天然气和液化石油气。目前，多数城市居民以燃气作为炊事用能。

燃煤，有一些家庭采用煤作为炊事用能，北方地区很多家庭也用煤作为采暖用能。

热力，北方地区采暖能耗约占建筑总能耗的1/4以上，主要来自市政热力和小区自备锅炉房。市政热力主要来源于大型区域供热厂或热电厂。

这些能源合并起来，就是一般居民的建筑能耗。需要说明的是，个人通常无法选择一个小区的能源种类，但可以进行适当的调整。比如可以利用电采暖替换采暖煤炉，利用电热水器替换燃气热水器。建筑的能源使用效率越低，实现相同的使用要求，需消耗的能源就越多，排放的温室气体也多。这就是我们所指的建筑能源效率。

☆ 什么是节能建筑

（1）建筑用能包括哪些

建筑用能指建筑使用过程中消耗的各种能耗，包括采暖、空调、通风、热水、炊事、照明、家用电器、电梯和建筑有关设备等方面的能耗。从能源品种看主要包括电、水、气、煤、油、市政热力、可再生能源等。

（2）什么是节能建筑

建筑节能就是要在保证和提高建筑舒适性的条件下，通过合理设计，不断提高能源利用效率，从而降低对化石燃料的消耗和依赖，达到节约能源和保护环境的目的。国家出台了一系列建筑节能设计标准。节能建筑是指按节能设计标准进行设计和建造，在使用过程中可以降低能耗的建筑。

节能建筑的特点：

- 充分利用自然能源
- 提高建筑围护结构的保温隔热性能
- 采用高效能的设备和设施

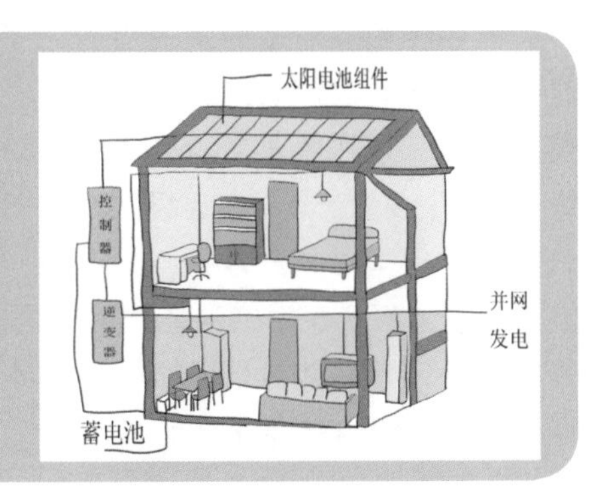

（3）充分利用建筑空间也是节能

从某种意义上讲，节能建筑还包括建筑物功能的充分利用。消费者应根据需要适度选择建筑功能和规模，比如利用人均建筑面积和人均能耗来衡量。比如一个普通三口之家选择300平方米的住宅，与选择同样的100平方米住宅，其能耗差异显著。

低碳小贴士

零能耗建筑是通过对建筑外墙、外门窗、屋项、地面采取有效的保温隔热设施，充分利用建筑自有能源和可再生能源，如太阳能、电器发热、废热水的热回收等的有效利用与存储，从而做到基本不使用常规的化石能源就可保持较高舒适度的建筑。零能耗建筑并不是不消耗能源，而是尽量不使用常规化石能源，实现温室气体的零排放。

☆ 认识能效标识

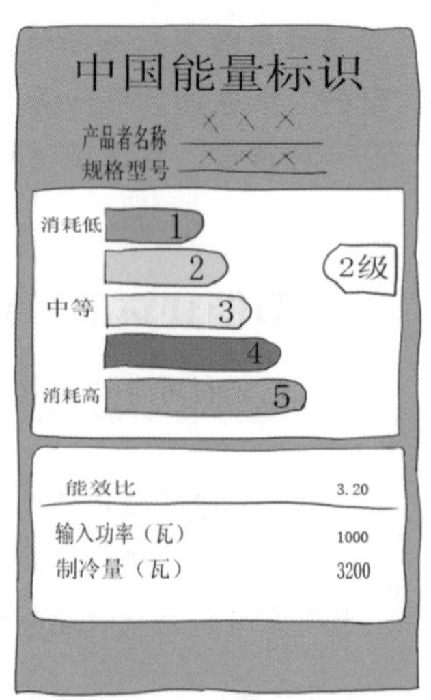

能效标识直观地向消费者表示了家电产品的能效等级，而能效等级是判断家电产品是否节能的最重要指标。以冰箱能效标识为例，冰箱的能效分1级、2级、3级、4级、5级共5个等级。等级1表示产品达到国际先进水平，最节电；等级2表示比较节电；等级3表示产品能效为中国市场平均水平；等级4表示产品能效低于市场平均水平；等级5表示未来要淘汰的高耗能产品。

能效标识为背部有黏性的、顶部标有“中国能效标识”字样的彩色标签，一般贴在产品的正面面板上。冰箱能效标识的信息内容包括产品的生产者、型号、能效等级、24 小时耗电量、各间室容积、依据的国家标准号等内容。

☆ 节能建筑一定会增加投资吗

（1）节能建筑会使初始成本增加

根据国外专业人员测算，节能建筑的初始成本要比传统建筑高 5% ～ 10%。建筑开发商要考虑的是建筑施工成本（短期成本），如果按照这个观点来考虑，只有很少或者几乎没有开发商会采取建筑节能措施，因为节能建筑要求使用质量较好的建筑材料、性能更好的设备，并且施工程序复杂，因此成本无可避免地比其他非节能建筑要高。这样开发商和施工承包商就倾向于使用传统施工，因为这样可以节省投资，这时候开发商只关心销售收入和巨额利润，不再关注建筑能耗。但是在建筑整个生命期内，业主则需要更多的钱来支付增加的能耗和建筑维修。

因此，建筑节能主管部门一方面要制定强制性的措施并对开发商进行有效监督，另一方面是为消费者提供节能信息，如给消费者提供可以信赖的建筑能效标识，帮助消费者识别节能建筑。否则，仅仅靠市场是无法完成这个任务的。

（2）从长期来看，增加少量的初期投资成本，甚至不增加成本，也能获得长期的节能效益

美国的经验证明：按新的节能设计标准施工的建筑，在不增加成本的基础上节能 30% 或者更多。世界银行资助的“提高既有建筑能效项目”提出，在基本不增加成本的基础上可以实现节能 20% ～ 25% 的目标。因此，将节能的增量投资控制在土建成本的 10% 以内，就能实现国家关于节能 50% 的设计标准目标。

☆ 节能建筑对居住者的经济效益

对消费者而言，节能必须省钱才有意义。节能但不省钱的事则需要政府来推动。其实，节能会给消费者带来不小的经济效益。

例如，北京某住宅小区一套 130 平方米的新建节能住宅（节能 65%）和同样类型的一套非节能住宅（节能 50%）进行比较：空调用电可以节约 26.3%，供暖用能可以节约 29% 左右。相比情况如下表所示。

用能环节	节能住宅（节能 65%）		非节能住宅（节能 50%）	
空调用电	3 台 2 300 瓦空调运行：530 小时	每年 1 320 千瓦时，相当于 660 元	2 台 2 300 瓦与 1 台 2 500 瓦运行 700 小时	每年 1 792 千瓦时，相当于 896 元
供暖用热	集中供热（燃煤）	1 599 千克煤，相当于 640 元	集中供热（燃煤）	2 262 千克标准煤，相当于 905 元
供暖用热	集中供热（燃气）	730.6 立方米天然气，相当于 1 425 元	集中供热（燃气）	1 027 立方米天然气，相当于 2 003 元
供暖用热	户用燃气炉	657.8 立方米天然气，相当于 1 283 元	户用燃气炉	923 立方米天然气，相当于 1 800 元

注：1. 空调均采用工频空调进行比较，对于选择节能空调的好处在节能装修部分介绍。

2. 由于目前集中供热仍采用按建筑面积收费的方式，不能给消费者带来直接的经济效益，但供热体制改革的方向是按热量收费。

3. 若采用户用燃气炉，则消费者可以直接获得节能效果。

4. 计算价格：电费按 0.50 元 / 千瓦时，燃煤按 400 元 / 吨，供暖天然气按 1.95 元 / 立方米计算。

低碳小贴士

通过提高建筑物保温性能，可以减少散热器的投资。如北京的住宅小区，由于节能措施使得建筑物的采暖耗热量大量减少，因而建筑物散热器的投资可以减少约 15 元 / 平方米。

由于墙体材料革新与建筑节能手段的应用，可以增加室内使用面积。以长春某住宅小区为例，外墙厚度从传统的砖混 490 毫米减为 260 毫米，内墙由 240 毫米减为 190 毫米，墙体变薄，增加了 8% ～ 10% 的有效使用面积。

☆ 建立“零碳家庭”

家庭是社会的细胞，“零碳家庭”是由“零碳城市”派生出来的。其实，“零碳家庭”是一种象征意义的提法，并不是让家庭不排放二氧化碳，现实生活中，我们每个人每天都直接或间接地排放二氧化碳。所谓“零碳家庭”，就是提倡每一个家庭尽可能地减少碳消费，减少二氧化碳的排放。

每一个家庭都应从身边小事做起，精心安排用水、用电、用气等，节约每一滴水、每一度电和每一立方米燃气，积极加入到“零碳家庭”的行动中来。减少开私家车出门的次数，改乘公共交通工具或骑自行车上下班，减少乘电梯的次数，选用低能耗的家用电器。

低碳生活不是一个空泛的概念，它融入我们日常生活的点点滴滴，从身边小事做起，是创建“零碳家庭”的基础，只有这样坚持做下去，我们赖以生存的家园才能更好地服务于我们的生活。

低碳小贴士

家庭排放二氧化碳的计算方法如下。

家庭用电：二氧化碳排放量（千克）等于耗电度数乘以系数0.785。

家用天然气：二氧化碳排放量（千克）等于天然气使用度数乘以“碳强度系数”0.19。

家用自来水：二氧化碳排放量（千克）等于自来水使用度数乘以0.91。

出行时开小轿车：二氧化碳排放量（千克）等于油耗公升数乘以系数2.7。

将以上这些数据汇总在一起，就是一个家庭的主要碳排放量。

第二章 住宅节能

安居是人们生活的基本保障，同时，它在人们日常生活的碳排放中占有最大的比重，低碳居住也因此显得至关重要。那么，在选购、使用住宅时应从哪些方面考虑节能？从装修设计到装修材料的应用，应该如何做到低碳、环保？如何选购家电、家具才能做到低碳节能？在家里种树、养花应注意哪些问题才能达到低碳的目的？……下面，我们为您一一道来。

☆ 节能住宅的标准

1. 小区布局合理，每幢楼的排列角度都经过精心计算。

2. 建筑单体设计科学。整个建筑朝向设计要考察当地一年四季的阳光、风向变化。

3. 外墙保温性更好。节能建筑与非节能建筑相比，节能建筑的外墙保温性能要高 2 ～ 3 倍。

4. 门窗保温性更好。节能建筑的窗户比非节能建筑的窗户保温性好 1.3 ～ 1.6 倍。

5. 屋顶保温性更好。节能建筑与非节能建筑相比，屋顶保温能力好 1.5 ～ 2.6 倍。

6. 通风性更好。高层住宅底层架空，通风性好，居室窗户采用可随时开合的百叶窗结构，使整个室内保持好的空气流动状态。

目前，北京市一般住宅的采暖能耗基准数约为25千克标准煤；而在气候条件相似的德国，其新建房屋的采暖能耗为4～8千克标准煤。可见，仅采暖一个方面，节能建筑就可节省大量能耗。因此，买房时，一定要选购节能房屋。

目前，中国的房屋建筑面积已超过400亿平方米，但在每年近20亿平方米的竣工建筑中，只有五六千万平方米的建筑是节能的，仅占3%左右。随着节能观念深入人心，节能建筑会越来越多，会为人们提供更多的节能空间。

☆ 节能住宅对生活的影响

许多人买房关注的是楼房的景观、布局、小区环境等，对节能情况考虑得很少。其实，住房节能对降低生活成本、提高生活质量有很大帮助，有人说，住房节能好比涨工资，这种观点不无道理。

房屋在使用期间，采暖、空调、通风、热水供应、照明、炊事、家用电器等多方面都需要消耗大量能源，特别是采暖、空调能耗占60%～70%。

而节能建筑在采暖、采光、通风等方面都可最大限度地利用自然能源和可再生能源，这样的房子在满足人们对居室内的空气质量、温度舒适性等需求的同时，在住房能耗方面也可为住户节省不少的开支，对于普通百姓来说，就好比在涨工资。

购买节能房屋的成本可能会高于普通住宅，

但其日后的使用成本则大大低于普通住宅，从长远考虑是较为划算的。

☆ 室内环境舒适度

室内环境是否舒适主要取决于室内小气候，即温度、湿度和空气流通状况等。当这些因素综合作用于人体，并处于最佳组合状态时，能使人体产生舒适感，通常称为最佳热舒适。

经验证，热舒适的范围是：冬天室内温度为18～25℃，相对湿度30%～80%；夏季室内温度23～28℃，相对湿度30%～60%（风速控制在0.1～0.7米/秒）。在装有空调的室内，温度为19～24℃，相对湿度40%～50%最舒适。但如果考虑温度对人思维活动的影响，最适宜的温度是18℃，相对湿度40%～90%。在这种室内小气候的环境下，人的精神状态好，工作效率也高。舒适度还与室内外温度差有关，当室内温度比室外温度低10℃时，人的身体就感到不舒服，易患感冒。一般要求室内外温差不应大于7℃。

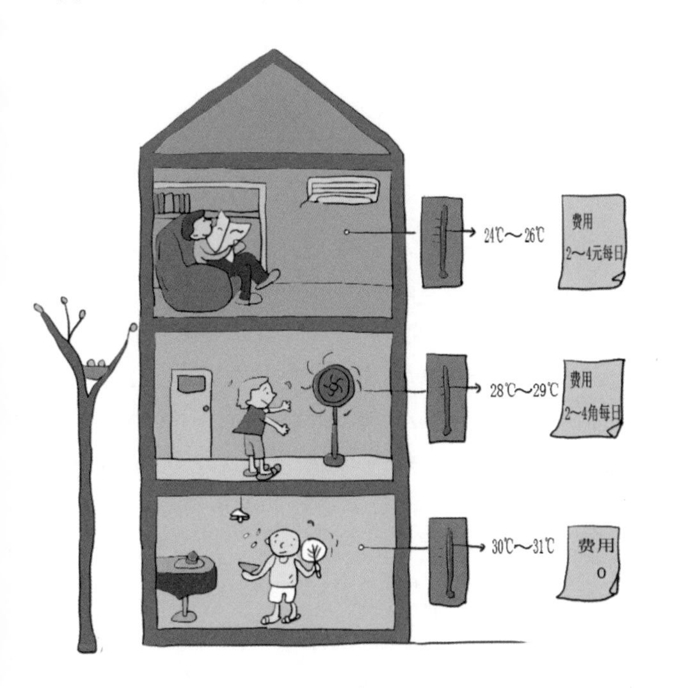

舒适的室温环境需要消耗一定的能源。最佳的舒适度意味着高昂的能源费用和环境成本。几摄氏度的室温差异可能意味着成倍增长的能耗。夏天少穿些，冬天多穿些，这是人类几千年的不变真理，也是走向低碳生活的有效途径。

因此，仅仅提高能效是不够的，而是需要调整我们的生活习惯，通过个人的努力，减少能源的消耗总量。

☆ 选购采光好的住宅

房子的采光好，既可减少照明用电，也可降低因照明设备散热所需的空调用电。怎样选购采光好的房子呢，具体来讲有下面这些招式。

第①招：从房子的朝向来看，朝南、朝西的房子采光好。朝南的房子采光时间最长；朝南偏西的房子比朝南偏东的采光好，因为朝南偏东的房子的采光时间在早上，而朝南偏西的房子的采光时间为一下午。到了冬季，住在朝南偏西的房间里可享受到午后暖暖的阳光。

第②招：呈建筑群的楼房，楼间距要大于前排建筑的高度，这样才能使室内采光不会受到影响，可视为无遮挡。如果楼间距小于前排建筑的高度，则要视两者的比例选择中间层，具体标准是前面建筑遮不住室内的阳光；但也不要选择最高层，因为夏季最高层吸热较多，会使室内温度升高；而冬季又因散热太多，使室内温度降低。

第③招：选购明厅、明卫、明厨的房子。墙面有较大玻璃和窗户的居室能很好地利用自然光源。

第④招：大开间、小景深的房子可更好地利用自然光源。许多开发商为了节约土地资源，增加利润，建造一些面窄而大景深的房子，这样的房子会影响房间的采光。

第⑤招：选客厅采光好的房子。白天，人们的活动多在客厅，如果客厅的采光条件好，即可以利用自然光，减少开灯时间，节约电能。

☆ 选购利用太阳能的住宅

选购利用太阳能的房屋，在使用热水和日常用电方面可节约许多能源。太阳能在现代建筑中的应用主要体现在以下两个方面。

1. 房屋安装有太阳能热水器。一些房地产公司在建房时安装了太阳能热水系统，一般使用真空集热管的太阳能热水器。

2. 房屋安装有太阳能发电装置。一些住宅区的屋顶设计成中间平整、四面倾斜的形状。在屋顶的四面分别安装太阳能装置，屋顶正中间平整的地方也安装上一面太阳能装置。五面巨大的太阳能装置源源不断地吸收太阳的能量，其安装有太阳能热水系统的房屋所产生的电能可用于洗浴、照明等。使用这种装置发电，不仅方便于晴天时使用，即使阴雨两三天也不用担心用电，因为屋顶的太阳能设备会将阳光能源储存起来。

☆ 选择高性能的节能门窗

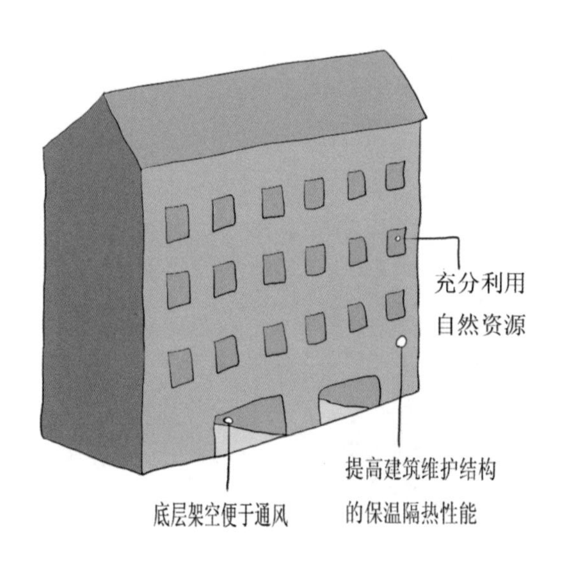

采用高性能门窗，其中玻璃的性能至关重要。

高性能玻璃产品比普通中空玻璃的保温隔热性能高一倍到几倍。即单面镀膜Low–E中空玻璃，其导热系数为1.6瓦/(平方米·开尔文)，保温隔热性能比普通中空玻璃提高一倍。高性能门窗需强调窗框的保温性和密闭性。密闭性较为重要，保证了门窗的气密性，同时能够有效节约能耗并提高舒适度。

窗户有推拉窗、平开窗等不同形式。相比之下，平开窗的密封性能比较好，保温隔热性能优于推拉窗。推拉窗虽然造价便宜，但密闭性和使用舒适性太差，并不适宜应用于低密度住宅产品中。

项　目	推拉窗	平开窗
密封性	由于框与扇之间的缝隙是固定不变的，仅靠扇轨道槽内装配的毛条与框搭接，没有压紧力，密封性较差，隔音效果较差	在关闭锁紧状态，橡胶密封条在框扇密封槽内被压紧并产生弹性变形，形成一个完整密封体系，隔热、保温、密封、隔音性能较好
能耗量	因冬季因冷风渗透而散失室内热量增加采暖用能，夏季增加室内热负荷，增加空调耗电	由于隔热、保温、密封较好，能源消耗相对同类型推拉窗较少
通风效果	开启最大时仅是窗面积的1/2，通风面积较小； 合理缩小型材截面，节约造价； 开启灵活，不占空间，工艺简单，不易损坏，维修方便	在开启状态窗扇能全部打开，通风换气性能较好； 内平开窗扇开启后，会占用室内空间外开时要承受风荷载破坏，扇型材惯性矩要大，五金构件质量要求高
使用范围	各类对通风、密封、保温要求不高的建筑	适用于寒冷、炎热地区建筑或对密封、保温有特殊要求的建筑； 有些地区，高层建筑禁止用外平开窗
纱窗安装	可以用普通纱窗	只能使用隐形纱窗

☆ 选购屋顶绿化的住宅

屋顶绿化从大的方面来说有以下好处。

1. 吸附大气浮尘，净化空气，美化环境，改善与提升生活环境质量。

2. 有助于散热，改善城市热效应。

3. 降低城市噪声。

4. 增加空气湿度，净化水源，调节雨水流量。

5. 提高国土资源利用率。

6. 绿化用的泥土、隔滤层可用一些建筑废料来制成，物尽其用。

从生活的角度讲，屋顶绿化有以下好处。

1. 冬暖夏凉。夏季可降低室内温度，减低耗电量；冬季可保持室内温度。

2. 可为生活提供一个休憩园地。

3. 屋顶绿化还可以保护建筑物顶部，延长屋顶建材使用寿命。

目前，已有了屋顶绿化的商品房，购房时可优先考虑。对于别墅业主或农村居民，可根据情况进行屋顶绿化。

☆ 选购利用中水的住宅

中水又称再生水、回用水，是相对于上水（自来水）、下水（排出的污水）而言的，是指对城市生活污水经处理后，达到一定的水质标准，可在一定范围内重复使用的非饮用水。中水可用于洗车、绿化、农业灌溉、工业冷却、园林景观等。

一些现代绿色住宅安装有处理污水的设备，能把污水变成中水，或者在设计时，使洗手池、洗菜池的水直接用来冲马桶，这样一些生活用水就可以再次利用，达到节约水资源的目的。

☆ 选择室外遮阳

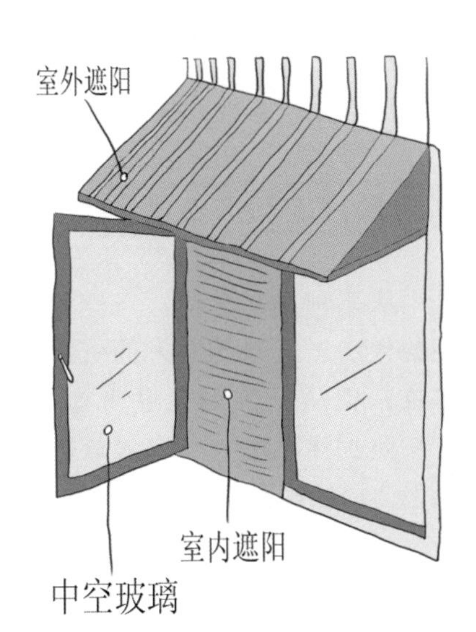

国外研究表明，建筑物采用外遮阳，可以获得6%～20%的节能效果，如果包括屋顶遮阳，这一比例还会提高。房屋的外遮阳设计，对提高建筑节能性能与舒适性都有深远的意义。就遮挡阳光而言，室外遮阳优于夹层中的窗格（例如双层玻璃中间密封的夹层），而夹层中的窗格又优于室内的百叶窗。

外遮阳的好处就是可以把90%的太阳辐射都挡在外面。室内遮阳装置是阳光中的热量进入室内，只是把光线通过玻璃窗反射回去，遮阳效果只有50%左右。外遮阳的形式包括。

✽ 固定遮阳方式。水平的固定遮阳装置（例如屋檐），可以非常有效地遮挡南边的窗户。但在太阳高度还不至于提高室内温度这样的情况下，这样的遮阳方式也有其缺点，因为它在某些需要采集热量取暖的时候，遮挡了有益的阳光。

✽ 可移动遮阳方式。可移动遮阳方式主要有两个优点：它可以进行调整，以适应室外条件的变化，最充分地利用太阳能和阳光的好处，同时又可以遮挡刺眼强光和多余的热量；在冬季，遮阳装置可以关闭，以减少从建筑辐射而损失的热量。固定的遮阳装置不具备这些优点。

☆ 选购对垃圾实行无公害处理的小区的住宅

购房时，可优先考虑对垃圾实行无公害处理的小区的房屋，对垃圾实行无公害处理主要体现在两个方面。

1. 将生活垃圾分为有机物、无机物、玻璃、金属、塑料等类，分别进行回收处理。

2. 小区可以就地处理垃

圾，例如，有的小区安装、使用多层悬浮燃烧焚烧炉等设备，可最大限度地降低环境污染，一些废弃物可得到再次利用。

☆ 购房面积应适度

从某种意义上讲，一栋漂亮的大房子反映着主人的生活水准，但从低碳的角度考虑，应按照生活环境与家庭人口数量来选择住房面积。

经济的户型与大户型相比，在建筑材料、建造成本，以及日常使用成本等方面都节省很多，碳排放量明显小于大户型。因为房屋的面积越大，其供暖、照明所消耗的能源也就越多，产生的二氧化碳也会随之增多。

所以，购房不必追求过大，够用就好。在空间的舒适、紧凑型改造上下些工夫，可有效减少因各种能源消耗而产生的污染。

☆ 选购节能的农村住宅

在建造和使用农村住宅过程中可通过以下招式实现节能目标。

第①招：选购使用节能砖的农村住宅。节能砖是利用生产、生活废料，采用新技术生产而成的。节能砖与黏土砖相比，节能砖具有节土、节能、不怕水、耐高压等特点，是很好的新型建筑材料。因此，农村居民建造住宅时应尽可能使用节能砖。使用节能砖建 1 座农村住宅，可节能约 5.7 吨标准煤，相应减排二氧化碳 14.8 吨。如果农村每年有 10% 的新建房屋改用节能砖，那么全国可节能约 860 万吨标准煤，减排二氧化碳 2 212 万吨。

第②招：选购使用太阳能供暖的农村住宅。一座农村住宅使用被动式太阳能供暖，每年可节约 0.8 吨标准煤，相应减排二氧化碳 2.1 吨。如果我国农村每年有 10% 的新建房屋使用被动式太阳能供暖，全国可节能约 120 万吨标准煤，减排二氧化碳 308.4 万吨。

☆ 对已有住宅进行节能改造

对住房进行节能改造，不仅可提高居住的舒适性，还可节省采暖费、空调费等费用。如果你现在居住的房子或新买的住房还不是节能型住宅，在进行家庭装修时，不妨采用以下招式进行节能改造。

第①招：对窗户进行节能改造。房屋外窗（包括阳台门）用中空玻璃、温屏节能玻璃替代单层普通玻璃。同时，西向、东向窗安装活动外遮阳装置。

第②招：对建筑外墙进行节能改造。西、东山墙可采用 40 毫米厚的矿（岩）棉毡等保温材料，面板可采用纸面石膏板或水泥纤维加压板，从而提高房屋的保温性能。

第③招：装修时，不要破坏原有墙面的内保温层，阳台改造与内室连通时，要在阳台的墙面、顶面加装保温层。

第④招：尽量采用可再生能源来解决家用热水、照明等用电问题。别墅居民可将房子改造成太阳能房屋；公寓楼用户可在楼顶安装太阳能热水器、太阳能发电装置；农村居民可将房子改造成太阳能房屋。但无论怎样改造，都不得破坏承重墙、梁柱，以保证房屋的使用安全。

☆ 选择低碳的家装

低碳家装，即在家庭装修中尽量减少能源消耗，从而降低二氧化碳排放，达到节能环保的一种家庭装修方式。

低碳家装涵盖了家居装修的方方面面，从家装设计开始，到装修材料的购买，到装修的进行，家具、家电的选购等，都要求环保、节能、可循环利用。

低碳家装要在装修时把好设计关，施工时充分运用新科技、新材料、新能源，达到节能、节材、节电、节水的低碳环保目的。

☆ 选择简约的家居设计风格

低碳家居应拒绝奢华、复杂的家装设计理念，走简约路线。

简约的设计风格是家装节能的关键因素，它要求运用设计技巧与装修材料来提升居室的装修品位，营造良好的居家氛围，同时最大限度地减少材料的浪费。

简约的设计风格讲究实用、环保、节能，不追求昂贵的建材和复杂的工艺。以自然通风、自然采光为原则，减少空调、电灯的使用率，节约装饰材料、节约用电、节约装修成本。

简约的装修风格更应讲究空间布局、功能设置等，利用实用的家具与适当的装饰品来体现设计风格。

☆ 不要随意改造住宅的内部结构

对于南北通透的房间，装修时应尽量保持原有的南北通透的结构，因为通透的空间不仅能给人以宽敞、轻松的感觉，也利于空气流通，减少能耗。南北通透的房间，夏季即使不用空调、电风扇，也会因通风好而感觉比较凉爽。

对于不是南北通透的

房间，也要保留间接的通风通道，从空间结构上最大限度地保持通风。

房间中应少用隔断等装饰方法，如果一定要使用，应尽可能将其与储物柜、书柜等家具合二为一，以增大室内空间，节约装修材料，保持室内通风，减少空调、电扇等家用电器的能耗。

☆ 关注墙体保温隔热

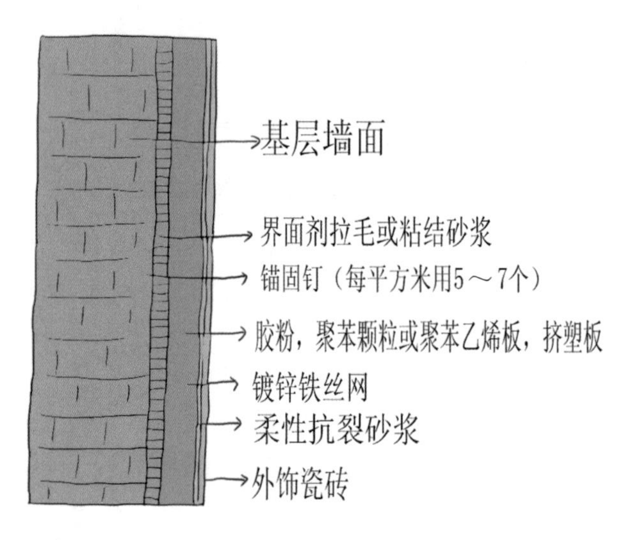

墙体是建筑外围护结构的主体，其所用材料的保温性能直接影响建筑的耗热量。我国以实心黏土砖为墙体材料，保温性能不能满足设计标准。以外墙为例，《民用建筑节能设计标准》（JGJ 26—1995）规定，在建筑物体形系数（建筑物与室外大气接触的外表面积与其所包围的体积的比值）小于 0.3 时，北京地区传热系数不超过 1.16 瓦 /（平方米 · 开尔文），而目前常用的内抹灰砖墙，传热系数都大于上述节能标准数值。因而在节能的前提下，应进一步推广空心砖墙及其复合墙体技术。同时，顶层的住户需要重点关注屋面保温隔热性能。

☆ 装修时增强住宅的保温性

第①招：装修时不要破坏原有墙面的内保温层。

第②招：客厅与阳台间的墙最好不要拆掉，因为这面墙是一道外墙，拆了不利于保温。如果将阳台与居室打通，要在阳台的墙面、顶面加装保温层。

第③招：家住顶层的居民在吊顶时可在纸面石膏板上设置保温材料，以提高居室的保温、隔热性能。

第④招：选购符合所在地区标准的节能门窗，使气密、水密、隔声、保温、隔热等主要物理指标达到规定要求。

第⑤招：选购门腔内填充玻璃棉或矿棉等防火保温材料、安装密闭效果好的防盗门。

第⑥招：如安装双层窗户，外层窗户可用中空玻璃断桥金属窗，内层窗户用隔热的双层玻璃窗。这样，一方面可加强保温，节省空调电耗5%左右（视窗墙比大小不同）；另一方面可更好地隔音，防止噪声污染。

第⑦招：尽量选择布质厚密、隔热保暖效果好的窗帘。

第⑧招：给门窗加装密封条。

第⑨招：不随意拆减暖气片。每个房间用多少片暖气都是根据房间面积设计的，随意改动暖气不利于室内温度的调节。

第⑩招：在铺设木地板时，可在地板下的隔栅间放置保温材料，如矿（岩）棉板、阻燃型泡沫塑料等。

☆ 冬季时增强住宅的保暖性

第①招：给门窗加装或更换密封条，加强房间密闭性。对于没有密封条的老式铝合金门窗或钢窗，要加装密封条；对使用一段时间后老化的密封条应及时更换，以免造成室内热量散失，加大能耗。

第②招：给开放的阳台加装保温帘或保温毯。如果装修时把封闭阳台与客厅打通了，可在原阳台与厅之间的位置安装一套保暖的门帘，晚上拉上门帘，也可起到保温的作用。地面可铺装地毯，以增强房间的保温效果。

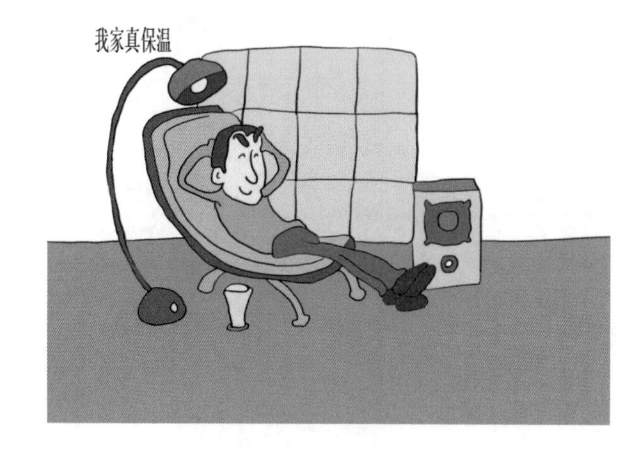

第③招：有落地窗的家庭，可在玻璃上贴保温膜或涂刷保温涂料。

第④招：如果装修时置换了新型暖气片，在使用前要放净暖气片里的空气和冷水，因为里面的空气和冷水会使暖气片的散热效果大打折扣。

第⑤招：如果装修时为暖气片装上了暖气罩，冬季最好把封闭的暖气散热罩打开。如果担心打开会影响美观，可把散热罩倒装，让百叶网朝上，可方便热量散发出来。

第⑥招：在暖气片后面装反射膜。可采用金属表面的铝扣板，也可用厨房使用的灶台金属膜或烤制食品用的金属膜安装在暖气片与墙壁之间，既可保温，又可反射暖气热量。

☆ 选择和使用环保建材

环保建材（即绿色建材装饰材料）要满足以下几个要求。

1. 可增强房屋的保暖、隔热、隔音效果。

2. 建材基本无毒、无害、天然、无污染，只进行了简单加工，如石膏、滑石粉、木材、天然石材等。

3. 低毒、低排放。充分应用科技手段消除或降低建材中有毒、有害物质的积聚和缓慢释放，使其毒性轻微，对健康不构成威胁，如符合国家环保标准的大芯板、胶合板、纤维板等建材。

4. 目前的科学技术和检测手段认定是无毒无害的，如环保型乳胶漆、环保型油漆等化学合成材料。常见的环保建材有如下几种。

①环保地材。比如，现在有一种新型的环保砖，用发电厂排出的废灰为主要原料，在防水、隔热、隔音和耐震强度上的效果均超过了一般红砖。另外，还有一种木屑制砖，该砖的重量只有普通砖的一半，但强度却是普通砖的两倍，保暖、隔音效果很好。此外，植草路面砖是各色多孔铺路产品中的一种，用再生高密度聚乙烯制成，可减少暴雨径流，并能排走地面水，多用在公共设施中。

②环保墙材。有一种加气混凝土砌砖，可用木工工具切割成型，用一层薄砂浆砌筑，表面用特殊拉毛浆粉面，具有阻热蓄能效果。

③环保管材。塑料金属复合管，是一种替代金属管材的高科技产品，其内外两层均为高密度聚乙烯材料，中间为铝材，兼具塑料与金属的优良性能，不生锈，无污染。

④环保照明。利用高效、安全、优质的照明电器产品，可营造出一个舒适、经济、环保的照明环境。

⑤环保墙饰。草墙纸、麻墙纸、纱绸墙布等产品，具有保湿、驱虫、保健等多种功能。防霉墙纸经过化学处理，消除了墙纸在空气潮湿或室内外温差大时出现的发霉、发泡、滋生霉菌等情况，而且表面柔和，透气性好。

⑥环保漆料。生物乳胶漆，色彩缤纷，有清香，可抑制墙体内的霉菌。

☆ 选择和使用节能建材

1. 尽可能选购不含甲醛、铅、苯等有毒物质的黏合剂、涂料、地板等材料。

2. 复合木地板比实木地板更低碳，因为实木地板是全木材的，需消耗更多森林资源。

3. 在一些不注重牢度的“地带”尽可能使用类似轻钢龙骨、石膏板等轻质隔墙材料。纤维石膏板是一种暖性材料，热收缩值小，保温隔热性能优良，且具有呼吸功能，能够调节室内空气湿度。

4. 选择装修、装饰材料要重视质量与环保，减少二次装修造成的材料浪费和因此增加的碳排放。

5. 使用高质量的节能灯、节能插座、节水洁具等家用产品。

低碳小贴士

装修时尽量减少建材的使用

1. 减少铝材使用量。铝是能耗最大的冶炼金属之一，生产1吨铝锭耗电约14 622度，相当于3.2吨标准煤；生产1吨铝的综合能耗为9.6吨标准煤。因此，按9.6吨标准煤/吨铝计算，排放二氧化碳21.8吨、碳5.8吨。

2. 减少钢材使用量。减少1千克装修用钢材，可节能约0.74千克标准煤，相应减排二氧化碳1.9千克。

3. 减少木材使用量。适当减少装修木材使用量，不但能保护森林，增加二氧化碳吸收量，而且减少了木材加工、运输过程中的能源消耗。少使用 0.1 立方米装修用的木材，可节能约 25 千克标准煤，相应减排二氧化碳 64.3 千克。

4. 减少陶瓷使用量。节约 1 平方米的建筑陶瓷，可节能约 6 千克标准煤，相应减排二氧化碳 15.4 千克。

☆ 暖气安装节能

第①招：暖气不要安装在靠窗的地方。因为把暖气安装在靠窗的地方，热量会随着窗户的敞开而散失，不利于节能。

第②招：不要包住暖气罩，也不要在暖气上面放家具。因为暖气被罩住后，热量散不出来，会增加 10% 左右的能耗。

☆ 选择低碳地板

真正的低碳地板应是在所有的生产环节中实现节能降耗，充分展示环保理念。选择低碳地板的时候，应尽量选择大品牌产品，查看地板生产企业是否取得“中国环境标志认证”——俗称“十环标志”，这是由国家权威机构经过产品检测之后颁发的证书。选择这样的地板产品，环保标准及质量才有可靠保证。

☆ 翻新旧木板

木地板使用几年后，易出现起漆、掉漆等问题，影响装饰效果；但如果把可利用的旧地板拆掉换成新的，又会造成很大的浪费。现在有一个经济实惠的解决办法，那就是对旧地板进行翻新。地板翻新就是将地板原有表面打磨掉 1 ～ 2 毫米，通过对地板表层进行刮腻子、上漆、上蜡等处理工艺，使旧地板恢复新貌。

许多木地板只是表面局部破损，基层的木头仍然完好，对旧地板进行翻新是切实可行的。对旧地板进行翻新有以下几个招式。

第①招：只有表层厚度达到 4 毫米的实木地板、实木复合地板和竹地板才能进行翻新。如果地板表层太薄，就会打磨出中间层，影响地板使用寿命，因此必须保证地板的表层厚度大于 4 毫米。

第②招：翻新地板要找专业人员，打磨地板时，要使用专业的打磨机。

第③招：若地板受损、霉变和变形，则不适合进行翻新。因为霉变通常深入地板内部，打磨后表面还是会有霉变的斑点，变形和受损的地板也无法通过打磨得到补救。

☆ 低碳装修电视墙

为了弥补客厅中电视机背景墙面的空旷，同时起到装饰客厅的作用，家居装修时，通常装饰电视墙。电视墙是客厅的“面子工程”，装修时较受重视。现在，许多背投、液晶电视本身就具有很好的装饰效果，因此，电视墙的装修设计可采用简约装修风格。电视墙简约装修设计时可采用以下招式。

第①招：电视墙的装修要根据需求，讲究实用，将储物空间与电视墙的视觉效果结合起来，在选材上一定要注意选择符合环保标准的知名品牌的产品。

第②招：为了给人以放松、舒适的视觉感受，电视墙色彩搭配以暖色为宜，线条应简洁流畅、大方。电视墙的灯光光线要柔和，避免因光反射而引起二次光污染。

第③招：电视墙也可以用一些容易更新的材质，如壁纸、墙贴、手绘等或只用色彩来与其他区域区分，把电视墙设计得更简单些，从而达到低碳、环保的装修效果。

☆ 设计节能客厅

第①招：将会客区域安排在临窗的位置，不用特别设计区域照明。

第②招：设计客厅时，应选择简洁、明朗的装饰风格，多使用玻璃等透明材料，尽量采用浅色墙漆、墙砖、地板、浅色沙发等，减少过多的装饰墙。

第③招：宽窗、宽门能吸收到足够的自然光线和新鲜空气，使居室更敞亮、柔和。

第④招：如客厅采光不好，可通过巧妙的灯光布置和加大节能灯的使用来改善。

☆ 设计低碳卧室

卧室的布置原则上要减少过度装饰，节约原材料。卧室布置材料的选择要多用棉、麻、木等，这些不是人工合成的化学材质，可减少二氧化碳排放，同时利于人体健康。

比如，可使用纯棉、麻质的床上用品和靠枕；床头柜上摆放的灯具和装饰要选择自然的木、纸制品，朴素的纸质饰品可增添卧室情趣；在卧室角落添加几件藤、木休闲椅和小桌。

☆ 装修布线的节能

家居装修要布设电话线、音响线、视频线、网络线等。布线时，要考虑居室使用的方便、安全和美观，更要考虑节能问题。装修布线从节能的角度考虑可采用以下招式。

第①招：根据国家电路铺设节能标准，不同线路根据用电设备的耗电量采用相应电线，从而减少材料耗费和运输过程中的能耗。

第②招：合理设计墙面插座。在关键位置安装插座或连接电缆，否则，日后还需使用插线板，既影响美观，又不安全。

第③招：电视、空调等电器的插座最好带开关，日常生活中，如果不用这些电器的时候，可随时关掉电源。

☆ 节能装修招式

第①招：节能门窗的安装。要特别注意选用符合所在地区标准的节能门窗，使气密、水密、隔声、保温、隔热等主要物理指标达到规定要求。安装密闭效果好的防盗门，在外门窗口加装密封条。在定制或加工防盗门时，可要求在门腔内填充玻璃面或矿棉等防火保温材料，这样既节能又保温。

第②招：巧装天花板。在装修天花板吊顶时，特别是顶层可在吊顶纸面石膏板上放置保温材料，提高保温隔热性能。

第③招：地板保温。铺设木地板时，可以在地板下铺设矿棉板、阻燃型泡沫材料等保温材料。

第④招：合理布线。合理设计墙面插座，尽量减少连线插板，不宜频繁插拔的插座可以选择有控制开关的。

第⑤招：尽量不设暖气罩。如果住户很想安设暖气罩，一要不影响通过散热器的空气对流，二要不妨碍散热器表面向室内的热辐射。具体来说，在暖气罩下部或侧面沿地面附近应留出 5～10 厘米的空隙，在暖气罩正面沿上板下沿，也应留出相同宽度的长条空隙，以便形成空气对流；在暖气罩与墙壁之间不应留有间隙，避免向上流动的空气携带的灰尘，污染墙壁。与此同时，暖气罩正面留出稍大一些的空隙，位置与散热器相同，面积略大于散热器，以免妨碍散热器表面向室内的热辐射，可以用铁丝网或细木条网在此处做部分遮挡。

☆ 设计家用照明

第①招：装修设计时，对于家用照明的规划要根据建筑的空间合理布局，尽量多利用自然光。

第②招：根据居室结构、采光条件和平时生活起居合理安排灯的布局。客人来时及会餐时可打开大多数光源；看电视或与客人聊天时，可打开沙发顶上或背后几盏装饰性灯（用节能灯），达到节电的目的。

第③招：照明灯的功率过大费电，功率过小又难以起到照明的作用，因此，应根据家中不同的空间选择相应功率的灯。一般来说，卫生间的照明每平方米用 2 瓦的灯；餐厅和厨房每平方米用 4 瓦的灯；书房与客厅用灯的功率要大些，每平方米需 8 瓦的灯；写字台和床头柜上的台灯可用 15～60 瓦的灯，最好不要超过 60 瓦。

☆ 合理设置照明灯

第①招：不设制过多的照明灯。室内，特别是客厅的灯光不需要很奢华，也不能过于繁多，够用就行。

第②招：主灯源尽量选择节能灯，可将吊灯换成其他样式的灯。

第③招：如果空间面积较大，或有重要功能区，可用补充灯源作为辅助。

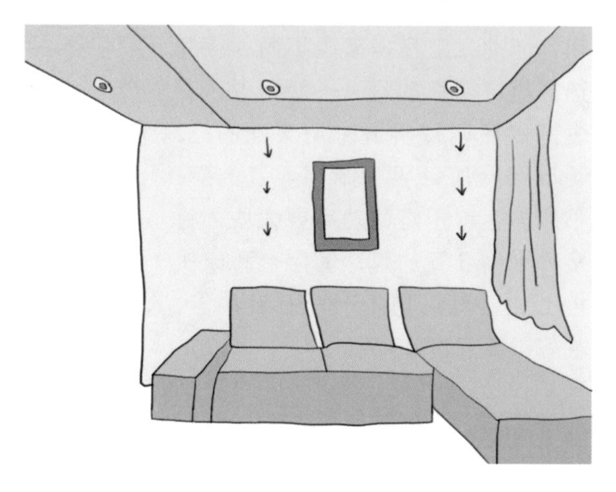

第④招：会客区的照明可采用局部光源与可移动光源相结合的方法替代主光源。可用墙壁上对称的两盏灯，将光线投射到沙发区，保证这个区域的照明度。为了保证沙发区的光照需求，可设置落地灯、台灯等移动光源进行补充。

第⑤招：分散照明，取消集中式照明，减少辅助式照明，在客厅吊顶处做出石膏线，同时将小型的节能灯按照一定的比例镶嵌在其中，既减少了灯源，又使不同区域获得足够的光亮。

低碳小贴士

以高品质节能灯代替白炽灯，不仅减少耗电，还能提高照明效果。以 11 瓦节能灯代替 60 瓦白炽灯、每天照明 4 小时计算，1 支节能灯 1 年可节电约 71.5 度，相应减排二氧化碳 68.6 千克。按照全国每年更换 1 亿支白炽灯的保守估计，可节电 71.5 亿度，减排二氧化碳 686 万吨。

☆ 合理设计客厅照明

客厅照明设计需营造出一种幽雅、大方、舒适的空间氛围，客厅照明要根据环境与气氛的变化选用不同的光源，并使它们得到合理的组合。具体来讲可以采用下面的招式。

第①招：会客照明。以看清客人面部表情为宜，可点亮吸顶灯，采用基本照明方式。

第②招：娱乐照明。听音乐时适宜较低照度，以暗淡、柔和的效果为佳；看电视时需要适当的背景照度，应采用功能照明方式。

第③招：装饰照明。客厅中的艺术品、花草、照片和家具等需要重点照明，以突出其装饰作用，可采用重点照明方式，凸显其艺术品位。

第④招：休息照明。看书、品茶时需要局部区域有较高的照度，采用重点照明。

☆ 装修时的灯具节能

装修时，灯具节能可采用以下招式。

第①招：装修时，要尽可能安装节能灯具。节能灯与白炽灯相比更省电。通常比白炽灯节电 70% ～ 80%；节能灯比白炽灯寿命更长，一般可达 8 000 ～ 10 000 小时，是白炽灯的 8 ～ 10 倍。节能灯有多种光色可选择，替换也方便。现在，市面上还有一种更节能的灯，那就是 LED 灯。这种灯售价稍贵，但它更省电。一盏 5 瓦的 LED 灯与 60 瓦的白炽灯具有同样的光效，如果每天按用电 6 小时计算，白炽灯耗电 0.36 度，而 LED 灯仅耗电 0.03 度。

第②招：为了突出灯的装饰效果，可选择自然风格的灯罩来装饰节能灯，藤、草、麻、纸质效果的灯罩会更好，而辅助灯源可直接用造型特别的节能灯。

第③招：为了有效节能，大的组合式多头灯具要用多个开关分组控制，使用时按照明需要选择开一组灯或多组灯即可。

第④招：客厅内尽量不要选择式样太过繁杂的吊灯。

第⑤招：卫生间最好安装感应照明开关。

☆ 低碳家具

第①招：看家具的碳汇能力。选购家具要看其碳汇能力，碳汇能力是指从空气中清除二氧化碳的过程、活动、机制，它主要是指森林吸收并储存二氧化碳的多少，或者说是森林吸收并储存二氧化碳的能力。一件碳汇能力高的产品关键要看其是否具有以下特点：①生产过程能源消耗低、碳排放量低；②产品使用寿命比较长；③废弃后易于回收利用。基于以上几点，建议使用竹制、藤制的家具，因为这些原材料长得快，再生性强，可减少森林资源的消耗。

第②招：购买成品家具。尽量减少制作固定家具，尽量购买成品家具。因为，固定家具不易拆换，且一旦拆换即遭到破坏；而成品家具可灵活挪动和反复使用，可降低能耗。

第③招：选购纸家具。目前，市场上出现了一种以纸板、瓦楞纸等为材料制作而成的纸家具。

纸家具的设计巧妙利用力学原理，使之具有足够的强度，经过特殊处理，解决了其材料不堪重负与怕水、忌潮等弱点。同时，纸家具的表面还可以涂染成各种各样的颜色，仿制出不同材质的肌理。此外，它还兼具木材、纸和纺织物的质感。纸家具因其合理的设计结构，具有与传统家具同等的承重功能，而重量只有传统家具的 20% ～ 30%。

纸家具的回收利用也很简单，可循环使用，这也是对自然资源的节约，是一种真正的低碳家具。

第④招：利用旧家具。重复利用旧家具也可以降低能耗。搬新居时，能继续使用的家具尽量不换，对于想淘汰的老家具，可审视一下新家需求，也许只要将老家具稍加修饰和改变，就仍可以成为新家中超级现代的东西。

☆ 通过绿化实现“碳中和”

对于生活中我们不得不产生的碳排放，可以通过植树、养花和种草来吸碳，从而达到“碳中和”的目的。碳中和也叫碳补偿，是现代人为减缓全球气候变暖所做的努力之一。利用这种环保方式，人们计算出自己日常活动直接或间接制造的二氧化碳排放量，并计算抵消这些二氧化碳所需的经济成本，然后个人付款给专门的企业或机构，由他们通过植树或其他环保项目抵消大气中相应的二氧化碳排放量。

低碳小贴士

根据自己的消费得知应种多少棵树。

假如你乘坐飞机旅行 2 000 千米（以公务舱为例），则会排放 278 千克的二氧化碳，你就需要种 3 棵树来抵消；

假如你用了 100 度电而排放了 78.5 千克二氧化碳的话，你需要种 1 棵树来抵消；

假如你自驾车消耗了 100 公升汽油，需要种 3 棵树来抵消。

☆ 植物的吸碳能力

不同植物吸收二氧化碳、释放氧气的能力是有差异的。北京的园林科学工作者对 65 种植物进行了测定，其结果显示，不同植物吸收二氧化碳、放出氧气的量也不同可分为如下 3 类。

1. 单位叶面积年吸收二氧化碳低于 1 000 克的植物种类主要有。

落叶乔木：悬铃木、银杏、玉兰、樱花。

落叶灌木：锦带花、玫瑰、棣棠、腊梅、鸡麻。

2. 单位叶面积年吸收二氧化碳在 1 000 ～ 2 000 克的植物种类主要有。

落叶乔木：桑树、臭椿、槐树、火炬树、垂柳、黄栌、白蜡、毛白杨、元宝树、核桃、山楂。

常绿乔木：白皮松。

落叶灌木：木槿、小叶女贞、羽叶丁香、金叶女贞、黄刺玫、金银花、连翘、金银木、迎春、卫矛、榆叶梅、太平花、珍珠梅、石榴、海州常山、丁香。

常绿灌木：大叶黄杨、小叶黄杨。

藤本植物：蔷薇、金银花、紫藤。

草本植物：马蔺、萱草、鸢草。

3. 单位叶面积年吸收二氧化碳高于 2 000 克的植物种类主要如下。

落叶乔木：柿树、刺槐、合欢、泡桐、栾树、紫叶李、山桃、西府海棠。

落叶灌木：紫薇、丰花月季、碧桃、紫荆。

藤本植物：凌霄、山荞麦。

草本植物：白三叶。

☆ 种树比种花草更划算

尽管植物都有吸收二氧化碳、释放氧气的功能，相比较而言，种树比种花草更划算。

1. 种树的成本更低。因为花草需要经常浇水、定期修剪，需要付出较大的养护成本；而种树基本上只需浇浇水就行了。

2. 树的吸碳能力更强。从吸收二氧化碳的能力来看，花草只能算一种平面的吸收体；树却是立体全方位吸收体，树吸收二氧化碳的能力要比花草吸收二氧化碳的能力强很多。

因此，在能种树的地方最好种树，当然在家里只能养花草了。

☆ 营造绿色家居

绿化居室可使居住环境充满生机与活力，还可以陶冶情操，减轻疲劳和紧张感，提高艺术修养。我们可以通过以下招式来实现绿色家居。

第①招：点绿化。利用独立的盆栽，主要是乔木或灌木。点状绿化要求突出重点，要从形、色、质等方面精心选择，不要在它们周围堆砌与之高低、形态、色彩类似的物品，以使点状绿化更加醒目。

第②招：线绿化。利用吊兰之类的花草，悬吊在空中或放置在组合柜顶端角处，与地面植物形成呼应关系。这种植物形成了线的节奏韵律，与隔板、厨柜以及组合柜的直线相对比，产生一种自然美和动态美。

第③招：面绿化。如果家具陈设比较精巧细致，可利用大的观叶植物形成块状面，以弥补家具因精巧而产生的单调感，同时还可增强室内陈设的厚重感。

☆ 适宜室内养护的花草

由于室内阳光照射的时间较短，所以，最好养护较耐阴的阴性观叶植物或半阴性植物，如文竹、万年青、龟背竹、棕竹、虎尾兰、橡皮树等。工作繁忙的人的居室可选择养护生命力较强的植物，如万年青、虎耳草、佛肚树、竹节秋海棠等。

有益净化室内空气的植物：吊兰、黛粉叶等植物，对装修后室内残存的甲醛、氯、苯类化合物具较强的吸收能力；芦荟、菊花等可降低居室内苯的污染；雏菊、万年青等可有效消除三氟乙烯的污染；月季、蔷薇等可吸收硫化氢、苯、苯酚、乙醚等有害气体。

在室内养虎尾兰、龟背竹、一叶兰等叶片硕大的观叶花草植物，可吸收80%以上的多种有害气体。芦荟、景天类等植物在晚上不但能吸收室内的二氧化碳，放出氧气，还能增加室内空气中的负离子的浓度。

适宜室内养的芳香植物：一些芳香植物有抗菌成分，可清除空气中的细菌和病毒，具有保健功能，如仙人掌、文竹、常春藤、秋海棠等植物的气味有杀菌、抑菌的功效。同时，植物的芳香还可调节人的神经系统，如茉莉可使人放松，有利于睡眠；玫瑰、紫罗兰可使人精神愉快；锦紫苏、驱蚊草等植物的气味有驱蚊、除蝇作用。

☆ 具有吸毒能力的植物

植物除了能吸收二氧化碳，释放出氧气外，一些植物还有吸收有毒、有害气体的功能。

1. 吊兰。吊兰吸收有毒物质的作用明显。一般而言，一盆吊兰能吸收1立方米空气中96%的一氧化碳和86%的甲醛，还能分解复印机等释放的苯，这是其他植物所不能替代的。特别是吊兰在微弱的光线下也能进行光合作用，吸收有毒气体。吊兰喜阴，更适合室内养护。

2. 芦荟。据测试，一盆芦荟大约可吸收1立方米空气中90%的甲醛。芦荟喜阳，放置在光线充足的地方才能发挥其最大效用。

3. 龙舌兰。多年生常绿植物，植株高大，叶色灰绿或蓝灰，叶缘有刺。一盆龙舌兰可消除10平方米左右的房间内70%的苯、50%的甲醛和24%的三氯乙烯。

4. 虎尾兰。可吸收室内80%以上的有害气体，吸收甲醛能力超强，是理想的净化空气植物。虎尾兰叶簇生，剑叶直立，叶全缘，表面乳白、淡黄、深绿相间，呈横带斑纹，观赏价值较高。

5. 常春藤。常春藤被誉为最理想的室内外垂悬绿化植物，它能攀援在其他物体上。常春藤是典型的阴性植物，也能生长在全光照的环境中，在温暖、湿润的环境中生长良好。常春藤可分解地毯、绝缘材料、胶合板中释放出的甲醛和壁纸中释放出的对人体肾脏有害的二甲苯。据测定，常青藤在一天内可去除室内由香烟、人造纤维和塑料中释放的90%的苯。

6. 山茶、杜鹃。山茶花能抗御二氧化硫、氯化氢和硝酸烟雾等有害物的侵害，能吸收硫化氢、氟化氢、苯、乙苯、乙醚等气体，但人闻这些花后会产生不适感。杜鹃花是抗二氧化硫等有毒气体较理想的花卉。

7. 木槿、紫薇。木槿又名朝开暮落花，原产中国和印度，喜阳光充足、温暖湿润的环境，稍耐阴，耐干旱，耐湿，耐瘠薄土壤，抗寒性较强，能吸收二氧化硫、氯气、氯化氢等有害气体。紫薇又叫百日红、满堂红、痒痒树，对二氧化硫、氯化氢、氯气、氟化氢等有毒气体的抗御性较强。

8. 米兰、桂花。米兰能吸收空气中的二氧化硫和氯气，此外还可治疗感冒、胸闷，甚至用来醒酒。桂花对化学烟雾有特殊的抗御能力，对氯化氢、硫化氢、苯酚等污染物有不同程度的抗性，还能吸收汞蒸气，刚装修过的家庭可多摆放些桂花。

9. 梅花、桃花。将梅花摆放在家中，一旦环境中出现硫化物，它的叶片上就会出斑纹，甚至枯黄脱落，向人们发出警报。桃花对硫化物、氯化物等特别敏感，可用来监测有害物质。

10. 仙人掌、仙人球。这些植物在夜间能吸收二氧化碳，释放出氧气，且具有吸收辐射的作用，可摆放在电脑旁。

此外，能够吸收甲醛的植物还有兰花、一叶兰、大花蕙兰和龟背竹等。铁树、菊花、金橘、石榴、半支莲、月季花、雏菊、腊梅、万寿菊等可有效清除二氧化硫、氯、乙醚、乙烯、一氧化碳、过氧化氮等有害物质。

☆ 具有杀菌能力的植物

一些植物能散发出各种芳香气味，有的能驱除蚊虫，有的能杀菌抑毒。

金橘、四季橘和朱沙橘等芸香科植物，富含油苞子，可抑制细菌，预防霉变，还能预防感冒。

玫瑰、桂花、紫罗兰、茉莉、柠檬、蔷薇、石竹、铃兰、紫薇等芳香花卉产生的挥发性油类具有显著的杀菌作用。

深受人们喜欢的万年青含有一种酶，将万年青摆放在室内可驱除蟑螂。

薄荷对臭氧有抗性，可起到杀菌作用。

第三章　家居节能

随着人们生活水平的提高，众多家用电器进入了寻常百姓家里，如彩电、空调、洗衣机、电冰箱、电饭煲、电烤箱、微波炉、电脑、数码相机等。这些家电在使用过程中会造成大量的碳排放，在日常生活中应做到节能、减排，那么，有哪些招式呢？

☆ 减少待机能耗

家用电器关机了就不费电了吗？事实上，电器在关机或者不使用原始功能的时候仍然会消耗不少电能，我们称之为“待机能耗”。我们在日常工作和生活中接触到的几乎所有电器都有待机能耗。中国节能认证中心在调查后发现，中国城市家庭的平均待机能耗相当于这些家庭每天都在使用着一盏15～30瓦的长明灯，占城市家庭用电量的10%。仅彩色电视机一项，一年下来就浪费电力几百亿千瓦时！相当于十几个大型火电厂的发电量。

低碳小贴士

部分电器待机能耗

待机能耗产品	平均待机能耗（瓦/台）
空　调	3.47
电脑主机	35.07
电脑显示器	7.09
传真机	5.70
打印机	9.08
手机充电器	1.34
电冰箱	4.09
微波炉	2.78
洗衣机	2.46
抽油烟机	6.06
电饭煲	19.82
彩色电视机	8.07
录像机	10.10
DVD 播放机	13.17
VCD 播放机	10.97
音响功效	12.35

☆ 选购节能空调

节能空调的好处就是在同样的制冷效果下，耗电量更低。节能空调的耗电量仅相当于传统空调的 20%，运行成本非常低。与一台 1.5P 的五级能效定速空调相比，一台 1.5P 的普通变频空调每年可节省 500 元电费。

选购空调要达到节能效果应采用以下招式。

第①招：优先选择能效比高的空调。目前，国家要求厂家在销售空调前标注能效比。能效比是空调制冷量与制冷消耗能力的比值，在能效标识上标注的就是空调的能效比。

第②招：选用变频空调。简单地说，变频空调就是在常规空调的结构上增加了一个变频器。千万别小看这个小东西，就是它有效地控制了空调的心脏——压缩机的转速，从而使变频空调比常规空调节能 20% ～ 30%。变频空调的制冷、制热速度比常规空调快 1 ～ 2 倍，启动电流却只有常规空调的 1/7，噪声特别低，而且克服了常规空调忽冷忽热的毛病。目前市场上变频空调的价格要比常规空调高，但是如果每年使用空调超过 4 个月，每天开机时间在 3 小时以上的话，高出部分的投资 1 ～ 2 年就可以收回。

第③招：了解一下家用中央空调。家用中央空调也可称为户式家用空调，是一种适合于家用的独立空调系统，在制冷方式和基本结构上，它类似于大型中央空调，是由一台主机通过风管或水管加末端，将冷暖气送到不同区域，实现对房间温度调节的目的。如果安装家用中央空调，则外墙只需安装一个主机（大小与普通家用空调主机相当），房间内则只在隐蔽处安装通风口就可以了。

第④招：正确选择空调的外形。空调一般分为窗式、挂壁式、立柜式、移动式、一拖多、吊顶式等，它们各有特点。

低碳小贴士

户用中央空调省钱窍门

对房间较多如复式房或别墅的业主来说，户用中央空调通过不同功能区或房间布置不同室内机，并通过智能控制手段实现按需制冷，可以获得意想不到的节能效果。通过估算，可比一般家用空调省电 30% 左右。

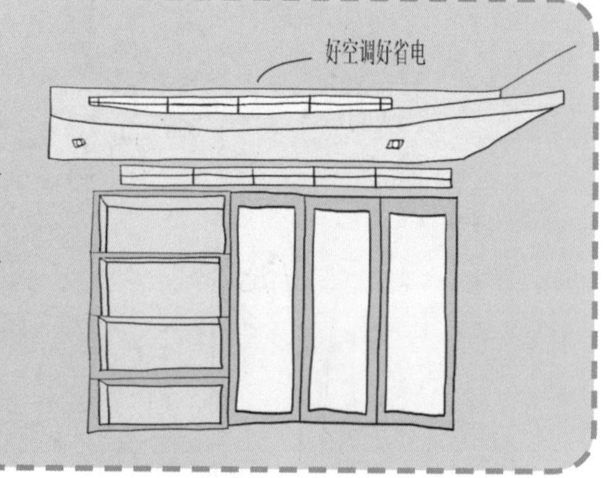

☆ 选购节能冰箱

冰箱是家庭生活天天使用的消耗型家电产品，它的用电量几乎占整个家庭用电量的 50% 以上。因此，选购一台耗电量小的节能冰箱是非常重要的。

选购节能冰箱要注意以下几点。

1. 看节能标识。我国目前实行“一级节能标准”。

2. 看冰箱的冷冻力。只有冷冻力和日耗电得到最佳结合才能够实现真正节能。

3. 看综合配置。

4. 看制冷方式。目前，电冰箱的制冷方式有“直冷式”和“风冷式”两种，这两种方式各有优缺点，应考虑平时物品的存放量和使用量再选择，建议存取物品次数不多的消费者选择“直冷式”产品。

5. 看冰箱大小。选购冰箱大小应合适，如一家三口选购 140 ～ 180 升容量的最适合了。

6. 选购大冷藏室、小冷冻室的冰箱。

冰箱在运行时有哪些招式可以达到节能效果呢？下面我们将一一道来。

第①招：把冰箱摆放在温度低、通风良好的地方，避免阳光直射。冰箱左右两侧及背部都要留有适当空间，以利于散热。

第②招：尽量减少打开冰箱门的次数，放入或取出食物动作要快。

第③招：放在冷冻室的食物，食用前可以先转移到冷藏室逐渐融化，以便使冷量转移到冷藏室，节省电能。

第④招：水果、蔬菜等水分较多的食品，应该洗净沥干后用塑料袋包好放入冰箱，以免水分蒸发加厚霜层。

第⑤招：冰箱的冷凝器要经常打扫，以保证冷凝效果。

第⑥招：冰箱存放食物要适量。不要过多过紧，特别是方形包装的食品更是不能摆满，食物之间要留有一点间隙，以利于空气流通。

第⑦招：不要把热饭、热水直接放入冰箱，应先放凉一段时间后再放入。

第⑧招：根据存放的食物选择恰当的箱内温度。鲜肉、鲜鱼的冷藏温度是－1℃左右；鸡蛋、牛奶的冷藏温度是3℃左右；蔬菜、水果的冷藏温度是5℃左右。

第⑨招：保持冰箱内清洁，及时除霜，一般霜厚超过6毫米就应该除霜。化霜最好在放食物时进行，以减少开门次数；除霜后要先干燥，否则又会立即结霜。

第⑩招：夏天制作冰块和冷饮尽量安排在晚间，晚间气温低，有利于冷凝器散热。

☆ 选购节能洗衣机

洗衣机在工作的过程中会消耗大量的水和一定量的电。假定一台洗衣机的额定洗衣量为2千克，额定水量为40升，功率为300瓦，平均每天用0.5小时（0.5小时包括洗涤15分钟和漂洗3次，每次5分钟），则每月消耗的水量为4.8立方米，每月消耗的电量为4.5千瓦时。

目前，中国家庭的洗衣机保有量大约为1.7亿台，如果都参照国家的节能标准，将节省近一半的水和电能。按照额定洗衣量为2千克的洗衣机保守计算，节能的潜力大概是：一年的节水量大概在51亿立方米左右，等同于间接节电85亿千瓦时；节电量大约在42.5亿千瓦时。总节电量达到127.5亿千瓦时，相当于节省472万吨标准煤，减排温室气体1275万吨的环境效果。

目前，一些洗衣机增加了烘干功能。一般的滚筒洗衣机烘干容量约为洗涤容量的50%，而现在最新型滚筒洗衣机的烘干容量达到了洗涤容量的75%。

烘干功能需要消耗电能。从节能角度考虑，在条件许可的情况下，建议多利用太阳光或风干衣物。自然晾干衣服的方法不仅有利于衣服的彻底干燥，而且可以应用太阳光的紫外线进行杀菌。

低碳小贴士

2004年颁布的国家强制性标准GB 12021.4—2004《电动洗衣机能耗限定值及能源效率等级》给出了洗衣机产品能效高低的评价方法，分成1级、2级、3级、4级、5级五个等级，其中1级为最节能型，表示该洗衣机用电量、用水量最少，洗净率最高；5级为最低级，表示该洗衣机用电量、用水量最大，洗净率最低。低于5级的产品不允许销售。

2006年9月，国家发展改革委员会、国家质检总局、国家认监委发布公告，根据该标准于2007年3月1日开始对洗衣机实施强制性国家能效标识，洗衣机产品上将粘贴能效等级标识，以鼓励消费者选择高等级、节能型产品。

☆ 选购电视机要考虑节能

许多人认为彩电开一天也费不了多少电，所以，人们在选购电视机时关心的主要是电视机的功能和清晰度等问题，对电视机的能耗问题关注很少。其实，电视机在日常生活中的使用频率高，使用时间长，特别是大屏幕电视，其耗电量还是很大的，在日积月累中会耗去许多电。

由于彩色电视机节能标准实施时间不长，许多家电商场销售的可能还不是节能彩电。因此，选购彩电时，最好到大型商场购买知名品牌的彩电，这样的彩电科技含量高，节能、环保效果好。

☆ 选购节能电饭锅

第①招：选购适当容量的电饭锅，避免锅具过大，消耗过多电力。

第②招：最好选择定热式电饭锅，这种锅比其他保温式电饭锅用电量少。

第③招：使用功率稍大的电饭煲省时又省电。实践证明，煮 1 千克的饭，用 500 瓦的电饭锅需 30 分钟，耗电 0.25 度；而用 700 瓦的电饭锅约需 20 分钟，耗电仅 0.23 度。因此，使用功率稍大些的电饭煲，省时、省电。

第④招：选用节能电饭锅。对同等份量的食物进行加热，节能电饭锅要比普通电饭锅省电约20%，每只每年省电约9度，相应减排二氧化碳8.65千克。

☆ 选购节水器具

第①招：选用节水马桶。如果条件可以，应选用新型的节水马桶，节水效率可过30%。

第②招：现在的住房卫生间都比较大，有空间安装男用小便器，可达到很好的节水效果。

第③招：将老式旋转式水龙头换成节水龙头，选择节水龙头关键是看打开及关闭的速度。

低碳小贴士

1. 选用省水型马桶，省水型马桶按 2 段式冲水设计配件，节水效果显著。

2. 将水箱的浮球向下调整 2 厘米，每次冲洗可节省水近 3 千克；按家庭每天使用 4 次算，一年可节约水 4 380 千克。

3. 大、小便后冲洗厕所，尽量不开大水管冲洗，而充分利用使用过的“脏水”。

☆ 选购太阳能热水器

太阳能是一种新能源，取之不尽，用之不竭。每平方米的太阳能集热器可以节能 0.15 吨标准煤，减少温室气体排放 400 千克。如果每个家庭安装 2 平方米的太阳能热水器，便可以满足全年 70% 的生活热水需要。目前，在中国很多地区，已经把安装太阳能热水器作为建设社会主义新农村的重要措施之一。如果中国城乡有 50% 的家庭使用太阳能热水器，总的安装量就可以达到 3.73 亿平方米，相当于节能 5 600 万吨标准煤，减少温室气体排放 12 000 万吨。

☆ 选择太阳能供暖

受太阳能热水系统成功应用的启发，越来越多的人考虑将太阳能用于供暖中。太阳加热系统与短期蓄热的结合、建筑供暖能耗的不断下降已经使人们能够接受在建筑中采用太阳能供暖系统的经济性能。一座农村住宅使用被动式太阳能供暖，每年可节能约0.8吨标准煤，相应减排二氧化碳2.1吨。如果中国农村每年有10%的新建房屋使用被动式太阳能供暖，全国可节能约120万吨标准煤，减排二氧化碳308.4万吨。

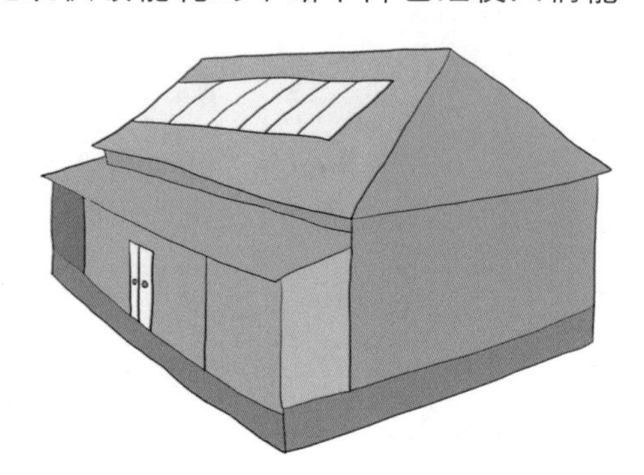

☆ 冬季取暖方式

以表格方式进行对比说明：

对比项目	空　调	电暖器
原　理	需电机推动空气循环而消耗能，也因为空气循环了热空气充满整个屋子，对热空气的利用率较低	电暖气采用电能加热转化为热能，采用对流方式传递
制热效果	好	一般
效　果	热得快，气流舒服； 随着温度范围变化，间歇性工作局部加热效果差	升温较慢； 始终在耗额定功率连续工作； 局部加热效果好
可控性	温度易控而且均匀，房间感觉比较舒适	温度不均匀，干燥
节能效果	能效 COP > 1	能效 COP < 1
噪　声	较大	较小
价　格	较贵	较便宜

☆ 选择合适的窗帘

尽量选择布质厚密、隔热保暖效果好的窗帘。提倡在装修时采用把窗户盖严的短窗帘，如果还设一层百叶窗帘，则保温效果更佳。窗帘及百叶窗帘设置方法不同时，窗的耗热量比例存在很大差异，用短窗帘加上百叶窗帘，可以减少耗热量30%左右。

百叶窗帘的主要优点

可以根据需要任意调整光线，使室内环境达到和谐统一；通风透气比较简单；这些比较灵活的窗帘，造型丰富，可选择的图案也很多；带有隔热涂层的金属百叶帘以及内含隔热材质的织物类百叶帘通常具有相当好的隔热效果；便于日常清洁，比较适合简洁的居室空间；镁铝合金百叶帘具有很强的防水、防腐功能，也很好打理。

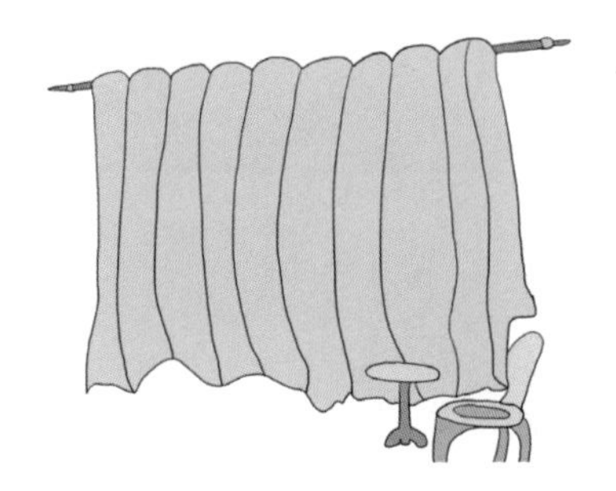

遮光帘

可以反射紫外线，很节能，目前，很多人在装修的时候选择它。遮光帘对于西向、东向、南向的房子在夏季时有重要节能作用。但是，遮光布大多同布艺窗帘缝制或粘贴在一起，很少独立成帘。因为遮光布本身比较轻薄，如果不跟着布帘拉拽就不方便，无垂感，对于遮光效果也会有所影响。

不同朝向，选择不同的窗帘

东窗：选择百叶帘和垂直帘。东边房间窗户的光线总是伴随着早晨太阳升起而射入，所以能迅速地聚集大量光线，气温由夜晚的凉爽快速地转为较高的温度，热能也会通过窗户金属边框迅速扩散开来。东

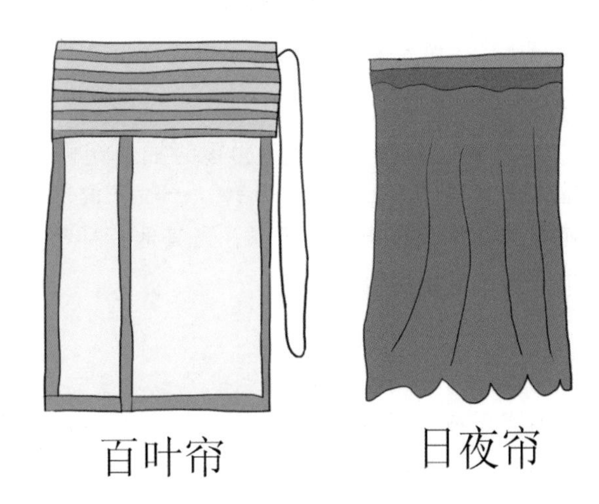

窗窗帘需要适应快速变化的温度。

南窗：选择日夜帘，防止大量紫外线。南边的窗户一年四季都有充足的光线，是房间最重要的自然光来源。选择窗帘时，要能防晒、防紫外线，能将光线散发开来，有助于保护室内家具。如果你喜欢的是布艺窗帘，则一定要考虑纱帘和遮光帘的搭配使用。白天的时候，展开纱帘，不仅能透光，将强烈的日光转变成柔和的光线，还能观赏到外面的景色；拉起遮光帘，强遮光性和强隐秘性让主人在白天也能享受到漆黑夜晚。

西窗：百叶帘或布艺窗帘。西晒使房间温度增高，尤其是炎热的夏天，窗户应经常关闭，或予以遮挡，所以应尽量选用能将光源扩散和阻隔紫外线的窗帘。

北窗：百叶帘或布艺窗帘。北向的窗户透过的光线十分均匀和明亮，百叶帘或质垂直帘和透光效果好的布艺窗帘，都是较好的选择。

低碳小贴士

冬天利用太阳能，夏天减少太阳能对房间的增温作用。

夏天上班的时候就架上百叶窗或挡上遮光帘，晚上下班时，房间就不会很热。

冬天时候，相反，晚上下班时．房间就不会很冷。

☆ 选购节能抽油烟机

抽油烟机的吸力不是一个独立的性能，抽油烟机最基本的风量、风压、噪声、净化率等几个性能是相互制约的，好的抽油烟机是在各性能间寻找到一个最佳搭配值。购买抽油烟机时应关注以下 4 大性能。

1. 风量。指静压为零时抽油烟机单位时间的排风量，国家规定该指标值大于或等于 9 立方米 / 分钟。一般来说，风量值越大，越能快速、及时地将厨房里的油烟吸排干净。所以，当其他指标都良好的情况下，应尽可能地挑选风量值较大的抽油烟机。

2. 风压。指抽油烟机风量为 9 立方米 / 分钟时的静压值，国家规定该指标值大于或等于 80 帕。风压也是衡量抽油烟机使用性能的一个重要指标，风压值越大，抽油烟机抗倒风能力越强。所以，当其他指标都良好的情况下，风压值越大越好。

3. 嗓声。噪声也是衡量抽油烟机性能的一个重要技术指标，它是指抽油烟机在额定电压、额定功率下，以最高转速挡运转，按规定方法测得的 A 声功率级，国家规定该指标值不得大于 74 分贝。

4. 电机输入功率。抽油烟机的型号一般规定为 CXW—□—□，其中，第一个□中的数字表示的就是主电机输入功率。一般功率为 95W 的机型的吸力较强，噪音低，清洗简单，可调速，可节约电能。

☆ 灶具安装时的节能要点

灶具安装的节能招式有以下几种。

第①招：灶具的摆放应尽量避开风口，或加挡风圈，以防止火苗偏出锅底，增大用气量。如果让风直接吹向炉具，会带走许多热量。

第②招：为灶具装上节能罩或高压阀。一般燃气灶的火焰裸露于空气中，热效率大大降低。但装上节能罩后，将使灶具的热效率提高23.05%，节气量最高可达53.25%，省时最高可达39%。

灶具安装节能罩或高压阀后，燃气燃烧更充分，一氧化碳、氮氧化物等有害气体的浓度可低一半以上，对人体健康起到了保障作用。同时，防风能力提高6倍以上。

但需注意，对于玻璃面炉具，应禁止使用节能罩或高压阀。

第③招：进风口大小要适中。调节进风口大小，让燃气充分燃烧，正确的调节可使火焰呈清晰的纯蓝色，燃烧稳定。

第④招：要合理使用灶具的架子，其高度使火焰的外焰接触锅底，这样可使燃烧效率达到最高。

☆ 选购节能锅具

第①招：对于不易煮烂的食物，用高压锅或无油烟不锈钢锅烧煮会更节能。与其花3个小时小火煲汤，不如用真空焖烧锅、压力锅等节能锅，更省时、省电。

第②招：用较薄铁炊具代替厚重的铸铁锅。

第③招：使用底面较大的锅或壶更节能。如果锅、壶的底面较大的话，炉灶的火可开得大些，这样锅的受热面积大，灶具的工作效率高。另外，烧相同量的水，用底面较大的锅或壶利于热量吸收，对发热、吸热、传热均有利。

☆ 使用电压力锅更节能

电压力锅是替代电饭锅、高压锅、电炖锅、焖烧锅等锅类的首选产品。电压力锅采用弹性压力控制，动态密封，外旋盖、位移可调控电开关等新技术、新结构，全密封烹调、压力连续可调，彻底解决了使用普通压力锅存在的安全隐患。其热效率大于80%，省时、省电，比普通电饭锅节电30%以上。

☆ 使用微波炉加热食物更节能

微波只对含有水分和油脂的食品加热，而且不会加热空气和容器本身，与传统的加热方法相比，能源利用率高，热量损失少，烹饪速度快。对等量的食品进行加热对比试验，结果证明，微波炉比电炉节能65%，比煤气节能40%。

☆ 家庭节水招式

第①招：水龙头。停电停水后，要拧紧水龙头。

第②招：洗漱。正确用流水洗手。在特殊情况下，必须用流水洗手时，正确的洗手步骤：先小水把手沾湿后—关闭水龙头—涂抹肥皂—双手搓揉—开小水冲洗—关闭水龙头。刷牙用口杯，洗脸、洗脚用盆。勤开勤关水龙头，用则开，不用则关。

第③招：洗碗。自动洗碗机里装满要洗的器皿才使用。如果不用洗碗机，也不要直接用水冲洗，应该放适量的水在洗涤槽内洗，以减少流失。

第④招：洗菜。不要直接在水龙头下洗菜，尽量用盆洗菜。先抖掉菜上的浮土，之后再洗。

第⑤招：淘米水。淘米水可以用来洗碗、洗菜和浇花。将瓜果蔬菜放在淘米水中浸泡几分钟，可以去除大部分甚至全部毒性。

第⑥招：马桶。安装可以控制出水量的马桶配件；没安装节水配件的马桶可以在水箱里放一个装满水的可乐瓶或盐水瓶，减少冲洗水量。不要把烟灰、剩饭、废纸等倒入马桶，冲掉它们要浪费好几箱水，还有可能堵塞管道。

第⑦招：冲厕。冲洗马桶用水来源广，收集洗衣、洗菜、洗澡水等冲洗马桶。海水冲厕是节约淡水的好办法。对一些沿海城市或岛屿，特别是在海边建设的住宅小区，建设一套用海水冲洗厕所的独立供排水系统，节约大量的淡水资源。

☆ 安装空调节电方式

空调安装要达到节电效果应采用以下招式。

第①招：空调应尽量安装在背阴的房间或房间的背阴面，避免阳光直射在空调器上。

第②招：为空调器外机安装雨棚时要注意保持适当的距离。虽然雨棚可以遮风避雨，但如若安置不当，容易挡住空调器的出风口，影响空调散热。

第③招：不要把空调装在窗台上。由于“冷气往下，热气往上”，如果把空调装在窗台上，抽出的空气温度低，等于空调在做无功损耗，当然就费电了。

第④招：为了保证空气畅通，利于散热，空调器以安装在距地面1.8米的高度为宜。

第⑤招：空调的配管不宜太长，且不要弯曲，这样的制冷效果才好，且不费电。

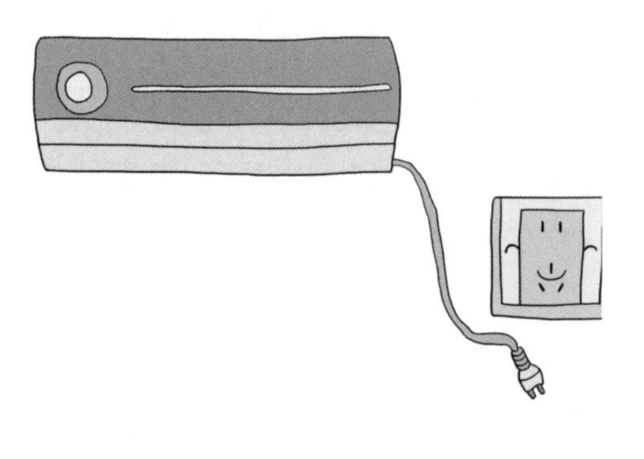

第⑥招：空调应单独使用一个插座。由于空调启动时电流很大，定速空调在开机时的瞬间电流会达到平时的数倍，如果与其他家电共用一个插座，会对其造成冲击。变频空调虽然开机时为软启动，电流很小，慢慢地达到稳定工作电流，对其他家用电器影响不大；但由于它的功率较大，会造成单插座超负荷，容易引起跳闸，甚至火灾。

第⑦招：别为空调加装稳压器。因为稳压器是日夜接通线路的，即使空调不用时也在耗电。

第⑧招：安装空调时要适当布置空调内外机之间的位置，决定它们之间位置关系的一个是“长度”，一个是“高低差”。一般家用的挂壁机的内外机之间配管长度不要大于10米，内外机安装位置的高低差不要大于3米。

☆ 使用空调的节能招式

第①招：减少使用时间。如早晨到中午前不开空调；睡觉前，室内温度已经降下来后，不妨关闭空调；室内通风好时，可打开窗户，用自然通风代替空调。

第②招：设定合适的空调温度。空调设定的温度越低，消耗的电能就越多。将空调制冷时室温调高 1℃，制热时室温调低 2℃，均可省电 10% 以上。使用空调器时，不要将温度调的过低，温度设定适当即可。建议夏季使用空调时，温度设定在 26 ～ 28℃，冬季设定在 16 ～ 18℃。科学统计结果表明，热舒适的范围是：冬天温度为 18 ～ 25℃，相对湿度 30% ～ 80%；夏季温度 23 ～ 28℃，相对湿度 30% ～ 60%（风速在 0.1 ～ 0.7 米 / 秒）。

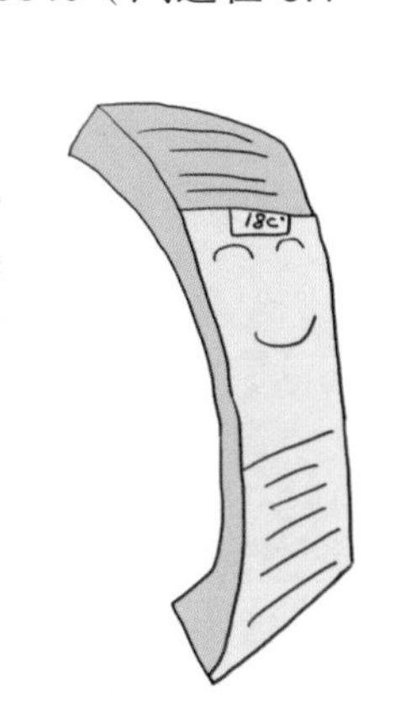

第③招：夏季开空调巧用窗帘。夏季，如果家里每天都打开窗帘，则会使许多热量进入室内，增加空调负担。如果使用窗帘遮挡窗户，可避免日光直射，直接节电约 5%。为了降低空调的耗电量，可巧用窗帘：每天早晨起床后打开窗户，让外面凉爽的空气进入屋内，等到太阳出来以后，立刻关上窗户，拉好窗帘，然后向窗帘喷些水，这样可保持室内一天的温度都不会太高。

第④招：出门前几分钟提前关闭空调。最好是离家前 10 分钟关闭空调，如果出门前 3 分钟关空调，按每台空调每年节电约 5 度的保守估计，相应减排二氧化碳 4.8 千克。如果对全国 1.5 亿台空调都采取这一措施，那么每年可节电约 7.5 亿度，减排二氧化碳 72 万吨。

第⑤招：定期清洗空调可节能。清洗一次空调，可节能4%～5%。清洗后，可加大10%的风量，达到节能效果。因此，空调应在夏季到来前清洗一次。除了简单的过滤网冲洗和蒸发器的表面擦拭外，可选择一个干燥的晴天，将空调器功能键选在“送风状态”下，运转3～4小时，让空调内部湿气散发干，然后关机，拔掉电源，用柔软的干布擦净空调器外壳污垢，也可用温水擦洗，但千万不要用热水或可燃性油等化学物质擦拭。

第⑥招：冬季用空调取暖更节电。专家指出，在室内同等条件下以追求同等效果而论，用空调确实比用取暖器省电。取暖器一般用电阻丝发热，耗电量大，且它是一个方向传热，3米以外很难感受到热量。而空调在吹出热量的同时，还能吸回冷气，以此加速房间升温。在产品的能效比上，取暖器要比空调低很多，尤其是油汀类取暖器，往往要多耗1倍的电才能达到与空调相当的取暖效果。对于有条件的家庭来说，开空调取暖其实更节电，使用空调取暖比用取暖器省电约50%。

第⑦招：巧用空调可节电。①使用空调时，可在刚开机的时候，设置成高冷或高热，以尽快达到调温效果。当温度适宜时，改成中、低风，既可减少能耗，也可降低噪声。②通风开关不要处于常开状态，否则会增加耗电量。③将空调设置在除湿模式下工作，此时即使室温稍高，人也感觉凉爽，比制冷模式省电。④空调不宜频繁开关。空调启动瞬间电流较大，频繁开关空调相当费电，且易损坏压缩机。⑤空调不用时，随手切断电源。

☆ 使用冰箱的节能招式

第①招：省电的摆放方式。有测试表明，冰箱周围的温度每提高5℃，其内部就要增加25%的耗电量。因此，电冰箱应摆放在环境温度低且通风条件良好的地方，要远离热源，避免阳光直射，靠近墙的距离最好控制在10厘米以上，同时顶部左右两侧及背部都要留有适当的空间，以利于散热。电冰箱应放置在坚固、平坦的地板上，同时要调整脚架高度，使正面稍高，避免门关不紧而浪费电能。冰箱不要与音响、电视、微波炉等电器放在一起，因为这些电器产生的热量会增大冰箱的耗电量。

第②招：减少开冰箱门的次数。普通家用冰箱，如果每天开关门 20 多次，每次约 20 ～ 40 秒，不仅增加电费开支，还会影响冰箱的冷冻程度。如果每天开关 40 多次，会增加电费 30% 以上，还会影响冰箱的使用寿命。

第③招：降低开冰箱门时的电能消耗。①开门次数要少而短。据有关资料介绍，如果将冰箱每天的开门次数从 10 次减到 5 次，一年可节电 12 ～ 15 度；如果每次开门时间从 60 秒钟缩短到 30 秒钟，一年可节电 25 度以上。②冰箱门开启角度不宜过大。开启的角度越大，损失的冷量越多，耗电量也会相应增加。③巧用保鲜膜。按照冰箱保鲜室每层的宽和高，裁出大小合适的保鲜膜，沿着每层的边将层与层分开，蒙上保鲜膜，这样，每次取东西只需掀开物品所在层的保鲜膜，可有效防止外面的热空气与其他食物的接触。

第④招：包装好食品后再放入冰箱。将食物放入冰箱之前要巧用袋装，不同的食物有不同的装法。食物体积越大，其内部获取冷量的时间也越长。对于大块的食物要先分开，把每一小块都用干净的食品袋分开包装再进行冷冻，这样食物可很快制冷，一般来说，紧凑的包装，保鲜效果更好。蔬菜、水果等水分较多的食物，应洗净沥干，用塑料袋包好后再放入冰箱。这样可减少水分蒸发，缩短除霜时间，节约电能。

第⑤招：冰箱内食品的节能摆放。放于冰箱的食品相互之间应留有一定的空隙，堆在一起会消耗更多的电能。食物不要放得太密，以利于冷空气循环，更快的降温，节约电能。食品之间、食品与冰箱之间应留有约 10 毫米以上的空隙，以利于空气流通，达到快速制冷的效果。

第⑥招：正确设置冰箱冷冻室温度。冰箱的耗电量与箱内温度有直接关系，箱温越低，耗电量越大。冷冻室的温度设定如果以 −18℃代替常规的 −22℃，既能达到同样的冷冻效果，又可节省 30% 的电量。

第⑦招：调整好冰箱温控器按钮。冰箱温控器的旋钮盘面上所标出的1、2、3、4等数字，表示低温的程度。调整好电冰箱调温器旋钮是节电的关键。可根据所存放食品的温度需要和环境温度，转动温控器的旋转盘进行调节，使冰箱内的温度达到要求。如鲜肉、鲜鱼的冷藏温度为 -1℃左右；鸡蛋、牛奶的冷藏温度为3℃左右；蔬菜、水果的冷藏温度为5℃左右。可利用夏季昼夜室内温度变化较大的特点，睡前转到“1”字，白天再拨回“4”字位置。这样做既节电，又保证了散热片很好地散热，延长冰箱的使用寿命。

第⑧招：晚上用冰箱冻冰块更节电。夏季制作冰块和冷饮时最好安排在晚间。因为晚间气温较低，有利于冷凝器散热，而且夜间较少开冰箱门存取食物，压缩机工作时间较短，可节约电能。另外，在采取分时电表的地区，晚间每度电的费用也较低廉。

第⑨招：解冻食物的节电方式。上班前，把当天要吃的食物从冷冻室拿到冷藏室里，因为冷冻食品的冷气可以帮助冷藏室保持温度，减少压缩机的运转，不仅可以解冻，还能省电。

低碳小贴士

每天减少3分钟的冰箱开启时间，1年可省下30度电，相应减少二氧化碳排放30千克；及时给冰箱除霜，每年可以节电184度，相应减少二氧化碳排放177千克。如果对全国1.5亿台冰箱普遍采取这些措施，每年可节电73.8亿度，减少二氧化碳排放708万吨。

☆ 使用洗衣机的节能招式

第①招：使用半自动洗衣机。与全自动洗衣机相比，半自动洗衣机更省水。全自动洗衣机采用洗涤1次，漂洗2次的标准，至少使用110升水；而半自动洗衣机每次容量大约9升，一缸水能洗几拨衣物，即使再重新注水3次，漂洗3次，用水约50升。所以，使用半自动洗衣机更省水。

第❷招：使用滚筒洗衣机。与波轮洗衣机相比，滚筒洗衣机更费电、费水，在使用滚筒洗衣机时可按下面的方法来做：①根据衣物的质料（棉织品、化纤织品、羊毛羊绒织品等）不同选择不同的洗涤程序。②根据衣物脏的程度不同选择不同的洗涤程序。如对于不太脏的衣物选用快速洗涤，可省水、省电、省时。③预先在衣领、袖口等较脏的部位喷洒少许衣领净，可省水、省电。④特别脏的衣物可预先浸泡 20 分钟左右，然后再洗涤，可省时、省水、省电，洗涤效果更佳。⑤使用低泡洗衣粉更省水、省电、省时。高泡洗衣粉泡沫太多（尤其在加温洗涤时），会使洗涤、漂洗作用大大减弱。⑥洗衣机用完后，用抹布将内桶各部位擦干净，并使机门微开，可保持机内干净、无异味。

第❸招：集中洗涤衣物，减少漂洗次数。即用一桶洗涤剂连续洗几批衣物，洗衣粉可适当增添，全部洗完后再逐一漂清。这样可省电、省水，节省洗衣粉和洗涤时间。衣物洗了头遍后，最好将衣物甩干，把衣物上的肥皂水或洗衣粉泡沫脱干后再进行漂洗，以减少漂洗次数。

第④招：提前浸泡衣服更省水。洗衣服之前，先把脏衣物在流体皂或洗衣粉溶液中浸泡 10～20 分钟，让洗涤剂与衣服上的污垢起反应，然后再洗涤。这样，不仅能将衣物洗得干净，减少漂洗次数和水，同时缩短了洗衣机运转的时间，相应减少了电耗。

☆ 使用电视机的节能招式

第①招：减少使用时间。每天少开半小时电视，每台电视机每年可节电约 20 度，相应减排二氧化碳 19.2 千克。如果全国有 1/10 的电视机每天减少半小时的开机时间，那么全国每年可节电约 7 亿度，减排二氧化碳 67 万吨。一般来说，收看 3～4 小时，应关机半小时，让电视机休息，更不要频繁地开关电视机。

第②招：调好电视机的亮度和音量。将电视机的亮度调成中等亮度，既省电，又可达到舒适的视觉效果。一般彩色电视机最亮与最暗时的功耗能相差 30～50 瓦，将电视屏幕设置为中等亮度，每台电视机的年节电量约为 5.5 度，相应减排二氧化碳 5.3 千克。如果全国保有的约 3.5 亿台电视机都采取这一措施，那么，全国每年可节电约 19 亿度，减排二氧化碳 184 万吨。电视机的音量大小与耗电量大小成正比，声音越大，耗电越多，适可而止。

第③招：及时切断电源。不看电视时要及时切断电源，普通电视机待机 1 小时耗电约 0.01 千瓦，每台电视机如果每天待机 2 小时，中国电视机保有量 3.5 亿台一年的待机耗电量可高达 25.55 亿千瓦，相当于几个大型火力发电厂一年的发电总量，而且长时间待机会缩短电视机的使用寿命。

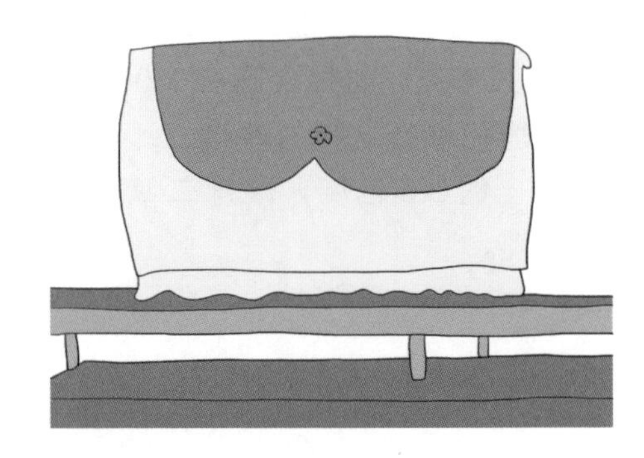

第④招：保持清洁。看完电视之后关闭电源，稍等一段时间，让机器在充分散热，之后给电视机加盖防尘罩。此外，还应定期为电视机除尘。

☆ 使用热水器的节能招式

第①招：节电方法。如果每天都需要使用热水器，则不要切断电源，不妨让热水器始终通电保温，因为保温一天所用的电，比烧一壶凉水到相同温度的水耗电要低，如果是 3 ～ 5 天或更长时间才使用一次热水器，则使用后最好立

即断电，这样更节约电能。

第②招：冬夏水温设定方法不同。将淋浴所用热水温度调低1℃，每人每次淋浴可相应减排二氧化碳35克。如果全国13亿人有20%的人这么做，每年可节能64.4万吨标准煤，减排二氧化碳165万吨。夏季气温高，热水使用相对较少，温度一般在50℃左右即可。冬季对热水的需要增大，为保证第二天的使用需要，应利用前一天晚上的用电低峰期，将水温加热至75℃，并继续通电保温。

第③招：为电热水器包裹隔热材料。如果在家用电热水器上包裹一层隔热材料，这样，每台电热水器每年可节电约90度，相应减少二氧化碳排放92.5千克。如果全国有1 000万台热水器能进行这样的改造，那么每年可节电约9.6亿度，减排二氧化碳92.5万吨。

第④招：保养热水器。①及时除垢。容积式电热水器，如果水温超过60℃以上，易引起水解反应而结垢。最好每年清理一次，否则会因使用中加热时间长而费电。②及时更换橡胶软管。燃气热水器应经常擦拭并检查其橡胶软管，看是否有老化现象，如老化，需及时更换。③定期清洁进水过滤网。如有污物堵塞过滤网，会出现热水器出水量少的现象。④定期清除换热器翅片上的灰尘，防止堵塞燃烧烟气通道而造成危险。

☆ 使用电饭锅的节能招式

第①招：提前泡米。用电饭锅做饭时，先把米浸泡15分钟，然后再通电加热，可缩短煮熟时间。

第②招：当米汤沸腾后，将按键抬起断电6～8分钟，利用电热盘的余热将米蒸煮至八成熟，然后按下按键，重新通电，饭熟后开关自动跳开，然后闷15分钟，米饭更松软、香糯。为减少对开关接触点的磨损，也可直接拔下电源插头或加装刀闸开关等。

第③招：保持电热盘的清洁。电饭锅的主要发热部件是电热盘，通电后电热盘将热量传给内锅。电热盘表面只有保持清洁，才能保持热传导性能处于最佳状态，这样才能提高功效，节省电能。注意：清洗电热盘时一定要先拔掉电源。

低碳小贴士

方煲、压力煲更省电。目前，电饭煲市场上，除了传统的电饭煲外，还出现了形状为长方形的方煲和类似于高压锅的压力煲。方煲由于采取了全方位三维立体加热方式，耗电量比普通圆煲小。而压力煲因为借助压力作用，可比普通电饭煲节电 30%。

☆ 使用微波炉的节能招式

第①招：加热食物的节电方法。在食物上包上微波炉专用保鲜纸或保鲜膜，或用盖子盖上食物。这样一来，食物的水分不易蒸发，而且加热时间也会缩短，达到省电的效果。

第②招：控制加热时间。用微波炉加热食物时，如果一次烹饪不足，需要再次烹饪，就要重复开关次数。微波炉启动时用电量大，实验证实，用 800 瓦微波炉高温一次加热 5 分钟，耗电 0.066 度，如果改成加热 5 次，每次 1 分钟，则耗电 0.08 度，用电量提高了约 1/5。所以，使用微波炉加热食物时要掌握好时间，减少重复开关次数，做到一次启动完成烹调。

☆ 使用消毒柜的节能招式

第①招：消毒柜应放在干燥通风处，与墙距离不宜小于 30 厘米。

第②招：放入的器皿必须先洗干净，将水擦干或沥干，然后再放入消毒柜中，既节省消毒时间，又省电。

第③招：餐具最好竖着放置在消毒柜中的搁架上，注意留有间隙，以达到最理想的消毒效果。

第④招：不同类型的餐具应分别消毒。即将不耐高温的餐具放进低温消毒室；耐高温的餐具放进高温消毒室。

第⑤招：消毒过程中尽量不要打开柜门，以免影响消毒效果，增加耗电量。

第⑥招：消毒完毕后要及时关闭电源或拔下电源插头。

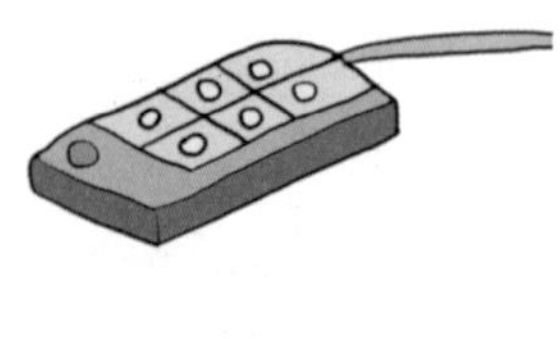

第⑦招：不要把带水的餐具放入消毒柜中，又不经常通电，这样会导致电器元件及金属表面受潮氧化，缩短消毒柜的使用寿命。

☆ 使用电吹风的节能招式

第①招：选择附有安全装置的电吹风机，当机体内部温度过高时，其温度开关会自动断电，待机体内部温度降低后，又可恢复正常使用。家用电吹风机选用小功率的即可。

第②招：夏天洗完头发后，用毛巾将头发擦干即可，不必用电吹风机；冬天，洗发后，如急着外出，可用电吹风机快速吹干头发。

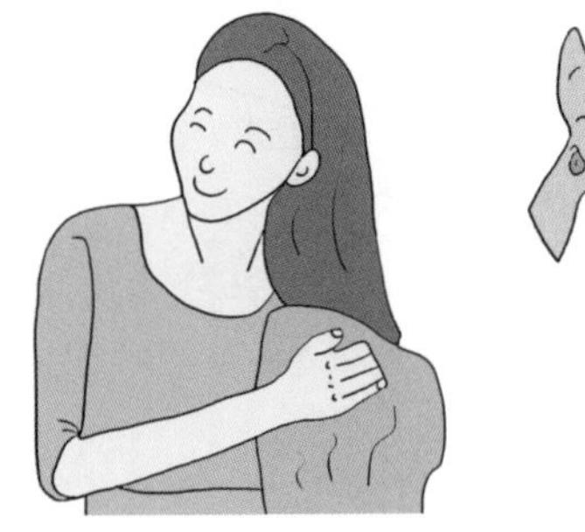

第③招：不要在冷气房内使用电吹风机吹头发，这样会增大电吹风机的耗电量。

第④招：不定期清洁电吹风机的进出风口，以免阻碍冷热风的流通，造成机体内部温度过高而导致机件发生故障。

☆ 使用电熨斗的节能招式

第①招：买电熨斗时要选调温型的，功率为 500 ～ 700 瓦最好，因为这种熨斗升温快，达到设定温度后又会自动断电保持恒温，节约电量。

第②招：使用电熨斗时，应在熨衣前 3 分钟通电。

第③招：如使用的是蒸汽熨斗，需往熨斗里加入热水。

第④招：熨衣服时要使用适当的温度。

第⑤招：把要熨的衣服集中在一起，避免多次加热熨斗。

第⑥招：讲究熨衣顺序。通电后，可先熨耐温较低的衣物，待温度升高到所需温度时，再熨耐温较高的衣物。断电后，电熨斗可保持一段时间的热度，可再熨一部分耐温较低的衣服。

低碳小贴士

1. 电熨斗最好选购功率为500瓦或700瓦的调温电熨斗。这种电熨斗，不仅升温快，而且达到使用温度时能自动断电，既能节电，又不至于温度过高而烫焦衣物。

2. 电热毯面积不同，功率也不同，应根据需要选择。单人毯不宜超过60瓦，双人毯不宜超过120瓦，并且最好选用有自动调温功能的恒温电热毯。

☆ 使用电脑的节能招式

第①招：显示器尺寸的选择要适当。一台17英寸的显示器比14英寸的显示器耗能多35%。

第②招：用液晶显示屏代替CRT显示屏。液晶显示屏比传统的CRT显示屏节能约50%，每台每年可节电约20度，相应减排二氧化碳19.2千克。如果用液晶显示屏替代全国保有的约 4 000 万台 CRT 屏，每年可节电约 8 亿度，减排二氧化碳 76.9 万吨。

第③招：多使用电脑硬盘。一方面由于硬盘存储速度快，不易磨损；另一方面，开机后的电脑硬盘始终保持高速旋转，不用也一样耗能。

第④招：调低显示器亮度。每台台式机每年可省电约 30 度，相应减排二氧化碳 29 千克；每台笔记本电脑每年可省电约 15 度，相应减排二氧化碳 14.6 千克。如果对全国保有的约 7 700 万台电脑屏幕都采取这一措施，那么每年可省电约 23 亿度，减排二氧化碳 220 万吨。

第⑤招：不要频繁启动电脑。电脑每启动一次都要用强电流，耗电较大。因此，要关闭不必要的随机启动程序，缩短启动时间。

第⑥招：充分利用电脑的休眠功能。当电脑在等待时间内没有接到任何指令，就会进入“休眠”状态，自动降低机器的运行速度、降低 CPU 运行的频率、硬盘停转，直至被外来信号“唤醒”，启用电脑“睡眠”模式，能耗可降到 50% 以下。因此，暂不使用电脑时，可缩短显示器进入睡眠模式的时间设定；不用电脑时，记得拔掉插头。坚持这样做，每天至少可节约 1 度电，还能延长电脑和显示器的使用寿命。

第⑦招：设置电脑的不同状态。离机时间为 2 ～ 15 分钟的话，开启 3 分钟屏幕保护，5 分钟关闭显示器功能，这样比较省电，可延长显示器的使用寿命。离机 15 分钟以上最好使用待机功能，等重新开始用电脑时即可轻松唤醒。也可以使用休眠功能，休眠唤醒后窗口依然保持上次的样子，使用这几种方法可不同程度地起到节电的作用。

第⑧招：及时关闭电脑连接设备。一般电脑外部连接设备在不用的状态下，都应呈关闭状态，如音箱、打印机在使用时再打开，用完及时关闭。这样，一方面可节约电器在待机时的耗电；另一方面也可保持电压稳定，防止意外停电、断电造成的电流冲击，提高外部设备的使用寿命。打印机在不用时要及时断电，这样做，每台每年可省电10度，相应减排二氧化碳9.6千克。如果对全国保有的约3 000万台打印机都采取这一措施，那么全国每年可节电约3亿度，减排二氧化碳28.8万吨。

☆ 使用风扇慢速挡节能

在大部分的时间里，风扇的中、低挡风速足以满足降温的需要。电风扇的耗电量与扇叶的转速成正比，扇叶大的电风扇功率大，耗电多。电风扇的耗电量与转速成正比，最快挡与最慢挡的耗电量相差约40%。所以，在满足降温需要的情况下，尽可能选择比较慢的挡能省电。

低碳小贴士

以400毫米的电扇为例，用快挡时耗电量为60瓦，使用慢挡时只有40瓦，可省电1/3。

以一台60瓦的电风扇为例，如果使用中、低挡转速，全年可节电约2.4度，相应减排二氧化碳2.3千克。如果对全国约4.7亿台电风扇都采取这一措施，那么每年可节电约11.3亿度，减排二氧化碳108万吨。

☆ 如何使用电磁炉节能

电磁炉的热效率高，超过90%。液化气灶的能耗高，燃烧后会产生一氧化碳、二氧化碳等有害气体。14.5千克的液化气每瓶约123元，可使用约1个月，而使用电磁炉每月需电费约100元。

目前，市场上有许多种类的电磁炉，功率为800～1 800瓦，并分成若干挡，功率越大，加热速度越快，但耗电也多。因此，选购电磁炉时，应根据用餐人数以及使用情况而定。

☆ 如何使用饮水机节电

业内人士曾对饮水机能耗问题进行过测试，当饮水机（功率为600瓦的冷热两用饮水机）将一桶水加热完毕后，让其处于保温—加热—保温连续的工作状态24小时，耗电1.5～1.7度；单冷或单热的饮水机耗电0.75度。由此看来，饮水机也是耗电量大的家电之一。节能环保专家在接受媒体采访时说，一台饮水机每年待机费电约300度。以此推算，全国饮水机一年待机就将耗去几百亿度电。

因此，建议饮水机在不用时要断电。据统计，饮水机每天真正使用的时间约9个小时，其他时间基本闲置，如果全天通电，有近2/3的电量会被白白浪费掉。饮水机闲置时，及时关掉电源，每台每年节电约300度，相应减排二氧化碳351千克。如果对全国保有的约4 000万台饮水机都采取这一措施，那么全国每年可节电约145亿度，减排二氧化碳1 405万吨。

☆ 如何使用吸尘器节电

为了更好地节电，平时应正确使用吸尘器。

1. 平时打扫卫生时，最好用扫帚或拖把，在扫帚或拖把无法有效清理的时候，再使用吸尘器，而且要根据清扫部位的不同情况来选择适当的功率。对于可调速的吸尘器，一般把最大的吸速用于地毯吸尘，其次用于地板吸尘，再次用于床及沙发吸尘，最小的用于窗帘、挂件等的吸尘。

2. 启动前，应检查吸尘器的过滤袋框架是否放平，应关紧的门、搭扣或盖是否关好、盖严和搭紧，检查确认安全、无误后方可启用。

3. 使用前，应将被清扫场所中较大的脏物、纸片等除去，以免吸入管内堵塞吸尘器进风口或吸尘道。

4. 使用时，注意不要吸进易燃物、潮湿泥土、金属屑等，以防损坏机器。

5. 使用一段时间后，如果吸力减弱，要彻底清除管内、网罩表面和内层的堵塞物、积尘等。

第四章 新能源生活

目前，太阳能是中国重点发展的清洁能源。据测算，一座农村住宅如果使用被动式太阳能供暖，每年可节能约 0.8 吨标准煤，相应减排二氧化碳 2.1 吨。如果中国农村每年有 10% 的新建房屋使用太阳能供暖，全国可节能约 120 万吨标准煤，减排二氧化碳 308.4 万吨。到 2015 年，中国新能源和可再生能源年开发量将达到相当于 4 300 万吨标准煤，占当时能源消费总量的 2%。

大力推广太阳能及其他新能源已成为实现低碳生活的新途径，我们每个人都有责任尽可能地多使用新能源，为改善我们赖以生存的环境尽一份力。

☆ 太阳能是最有利用价值的新能源

目前，太阳能是最有利用价值的新能源。尽管太阳辐射到地球大气层的能量仅为其总辐射能量的二十二亿分之一，但已高达 173 000 千瓦，也就是说太阳每秒钟照射到地球上的能量相当于 500 万吨煤。地球上的风能、水能、海洋温差能、波浪能、生物质能以及部分潮汐能都来源于太阳，即使是地球上的化石燃料（如煤、石油、天然气等），从根本上说也是远古时期储存下来的太阳能。所以，广义的太阳能所包括的范围非常广；狭义的太阳能则限于太阳辐射能的光热、光电和光化学的直接转换。

太阳能资源丰富，对环境无任何污染，为人类创造了一种新的生活方式，使社会及人类进入一个节约能源、减少污染的时代。

☆ 使用太阳能节能

太阳能是中国重点发展的清洁能源，使用太阳能更清洁、环保、节约。太阳能热水器、太阳能灶、太阳能电池等产品，不但可以节电、节煤、节约天然气，而且干净、环保、卫生。

1 平方米的太阳能热水器 1 年可节能约 120 千克标准煤，相应减少二氧化碳排放 308 千克。

低碳小贴士

一座农村住宅如果使用被动式太阳能供暖，每年可节能约 0.8 吨标准煤，相应减排二氧化碳 2.1 吨。如果中国农村每年有 10% 的新建房屋使用被动式太阳能供暖，全国可节能约 120 万吨标准煤，减排二氧化碳 308.4 万吨。

☆ 太阳能南墙计划

房屋的南墙向着太阳，受到阳光照射的时间最长，我们可利用“南墙”做文章。“太阳能南墙采暖（降温）计划”简称“南墙计划”。

冬季，集热器件最大限度地吸收太阳能并转化为热能，然后循环到屋内，达到提高室温的目的；夏季，则尽可能屏蔽太阳直射的热量，阻隔房屋

内外的热量交换，达到降温的效果。这不仅能解决北方寒冷地区农牧民的生活取暖问题，对于南方老百姓来说也非常有用。冬季，南方的室内比室外温度还低，“南墙计划”可解决这一问题。

☆ 太阳房

太阳房就是直接利用太阳辐射能，把房屋当做一个集热器，通过建筑设计把高效隔热材料、透光材料、储能材料等有机地集成在一起，使房屋尽可能多地吸收并保存太阳能，达到房屋采暖目的。

事实上，太阳房不但可以利用太阳能取暖、发电，还可去湿降温、通风换气，是一种节能环保住宅。太阳房可节约 75% ～ 90% 的能耗，使建筑物完全不依赖常规能源。

低碳小贴士

目前，欧洲在太阳房技术与应用方面处于领先地位，特别是在玻璃涂层、窗技术、透明隔热材料等方面居世界领先地位。日本已利用这种技术建成了上万套太阳房，节能幼儿园、节能办公室，节能医院也在大力推广。中国也正在推广利用太阳房。

☆ 利用太阳能采暖

太阳能采暖是一种以采集太阳能作为热源，通过敷设于地板中的盘管加热地面（或通过安装于室内超导暖气片对流式散热）进行供暖的系统。

太阳能地板辐射采暖系统把整个房间地面作为散热面，依靠辐射传热的方式将热量传递到物体和人体表面，实现由地面向房间的辐射供暖。

太阳能地板辐射采暖系统辐射换热量约占总换热量的 60% 以上，其热容量大，热稳定性好，比采用其他供暖方式更舒适、更科学、更节能。

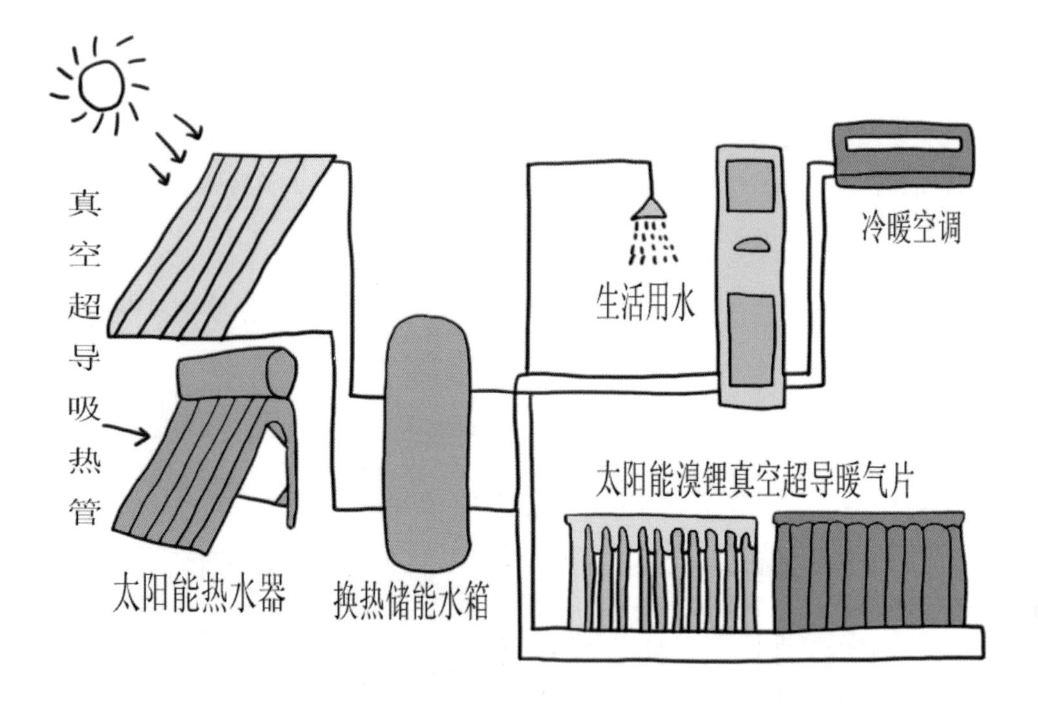

☆ 使用太阳能热水器节能

目前，市场上有太阳能热水器、燃气热水器和电热水器 3 种。太阳能热水器不但可以用太阳能加热，阴雨、雪天也可用电加热，功能更强。

燃气热水器售价虽然比太阳能热水器便宜，但是存在很大的安全隐患。

电热水器虽然比燃气热水器还要便宜，但就算省着用，1 天热 1 壶水，1 年下来需 600 元左右的电费。

虽然太阳能热水器的价格比电热水器和燃气热水器贵，但购买太阳能热水器之后，一年四季只要有阳光都可以免费

使用。即使在阴天、雨天、下雪天没有阳光的时候要用电烧水，相比其他热水器一年也能省约 500 元电费。

因此，从长远看，如果住房条件具备，还是使用太阳能热水器划算。

☆ 使用太阳灶节能

太阳灶是利用太阳能辐射，把低密度的、分散的太阳辐射能聚集起来，进行烧水、蒸、煮的炊具。它不需任何燃料，无污染，正常使用时，其热量和煤气灶差不多。

太阳灶是较成熟的太阳能产品，近二三十年来，世界各国都先后研制生产了各种不同类型的太阳灶。

根据不同地区的自然条件和人们不同的生活习惯，太阳灶每年的实际使用时间为 400 ～ 600 小时，使用太阳灶每台每年可节省秸秆 500 ～ 800 千克，经济效益和生态效益显著。

☆ 使用太阳能烤箱节能

太阳能烤箱，不用电，使用寿命长，不污染环境，是电力紧缺地区的理想之选。只要有太阳的地方，都能使用太阳能烤箱。太阳能烤箱是一种成熟的太阳能产品，太阳能烤箱在阳光明媚的时候温度可达到 110℃。

便携式太阳能烤箱。食品放入箱内，用透明盖板盖上，透明盖板可导入太阳射线加热食品，外侧四周有 8 块反射板可反射阳光。反射板用真空镀铝薄膜制成，当反射板成角度地朝箱内导入阳光时，涂黑的箱壁内部就会吸收太阳能。箱壁可选用黑色搪瓷材料，既吸热，又耐腐蚀，箱体底部和周边必须有保温隔热材料。便携式太阳能烤箱的特点是可折叠，可手提，适用于旅游野炊及野外工作者使用。

☆ 使用太阳能灯节能

1. 太阳能灯具的安装，不用铺设复杂的线路，只要将灯具固定好即可。

2. 购买太阳能照明灯属一次性投入，无任何维护成本，可长期受益。

3. 太阳能灯是超低压产品，运行可靠，没有安全隐患。

太阳能灯可广泛用于家庭院落、草坪，也可用作门前的路灯。

☆ 利用沼气池节能

沼气可用于做饭、点灯、洗浴（沼气热水器）、取暖、消毒、孵化家禽、储粮保鲜、灭虫和点灯诱蛾，还可以发电、用于副业加工等方面。

1 立方米沼气可发电 1.25 度，可供载重 3 吨的汽车行驶 2.8 千米、供 1 马力（相当于 735 瓦）内燃机工作 2 小时，相当于 60 ～ 100 瓦的沼气灯照明 6 小时，相当于 0.7 千克的汽油、0.4 千克的煤油。

沼气的发酵原料主要来源于人畜粪便和农业生产废弃物等。沼气是一种可再生能源，取之不尽，用之不竭。

在农村搞沼气池建设，可解决厕所、猪圈、畜禽粪便污染、蚊蝇乱飞等问题，改善农家生态环境及卫生状况，使广大村民的生活环境更加洁美、卫生和健康。

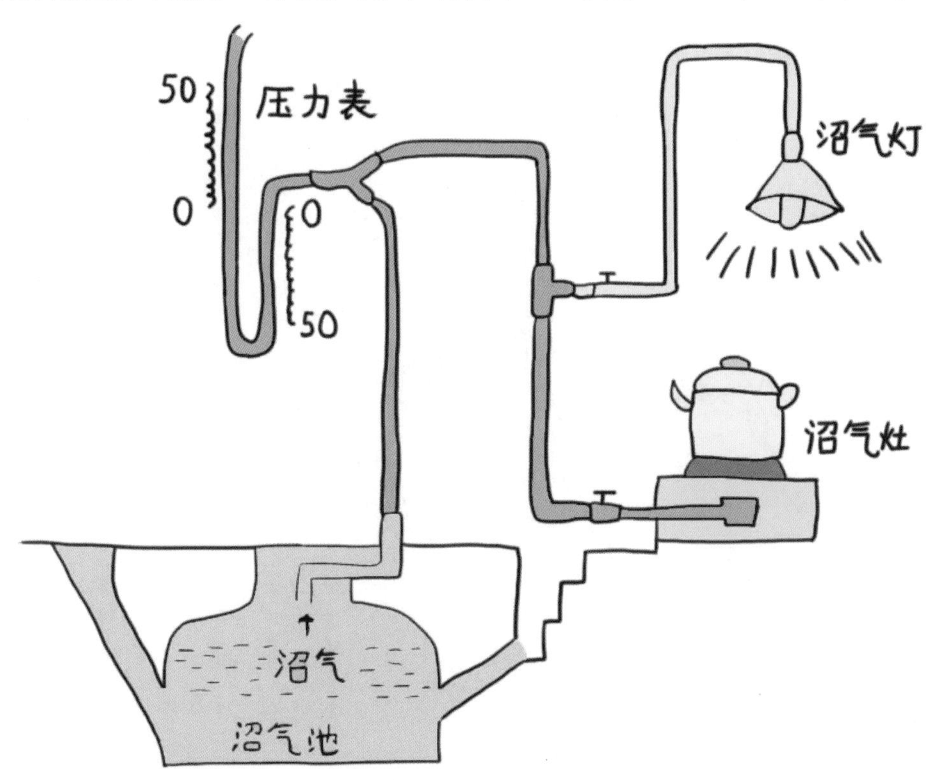

低碳小贴士

如果每户建一个8立方米的沼气池，每年可产沼气350～400立方米，节约薪柴相当于0.3公顷（1公顷=10 000平方米，全书同）薪炭林一年的生长量。若有70%以上的农户使用沼气，则封山育林就有了可靠的保证，并且可将节省的秸秆等用做大牲畜饲料，促进养殖业的发展。

☆ 使用沼气灶节能

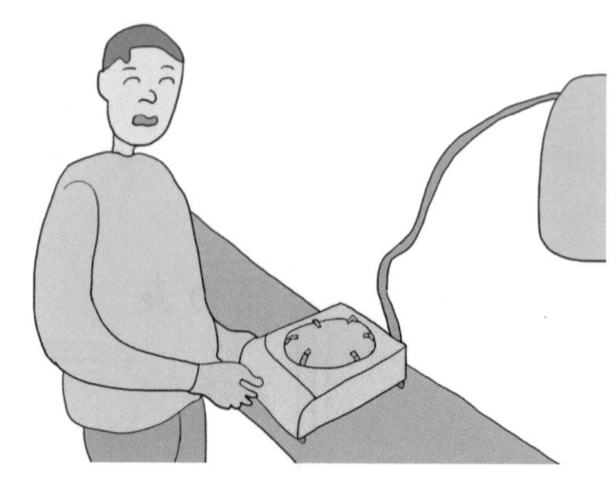

第①招：正确摆放沼气灶。沼气灶应距离墙面15厘米安放，连接灶具进气管的软管长度应保证沼气输送畅通。输气管路不要过短或过长、盘卷，不得扭曲，不得90度折扁。沼气灶的安装应严格按照标准要求执行。

第②招：锅底与沼气灶的最佳距离。锅底与灶具的距离应根据灶具的种类和沼气压力的大小而定，合适的距离应是灶火燃烧时“伸得起腰”、有力，火焰紧贴锅底，火力旺。使用时，可根据上述要求调节适宜的距离，一般灶具距离锅底以2～4厘米为宜。

低碳小贴士

沼气灶的具体操作方法：

1. 将打火旋钮置“OFF”位置，然后开启气源。

2. 压下打火旋钮并向“ON”方向旋转，发出“啪”的声音即可自动点燃，当确认点燃火之后方可放手。

3. 初始使用时，进气管中存

有空气点不着时，须重复以上点火动作，排出空气后即可点燃。

4. 火力调节。按旋钮所示标志缓慢旋转，即可随意调节火力大小。

5. 空气调节。左右拨动灶具底部的风门，调节空气量，使火焰稳定、清晰。

6. 熄火。将打火旋钮顺时针转至“OFF”位置便可自动熄火。

第五章　减少生活垃圾

填埋处理生活垃圾和焚烧生活垃圾都会增加空气中的二氧化碳排放量，只有尽可能减少生产垃圾，分类回收利用生活垃圾，才能减少碳排放量。如果全国城市垃圾中的废纸和玻璃有20%加以回收利用，那么每年可节能约270万吨标准煤，相应减少碳排放量690万吨。下面，我们就来看看如何在日常生活中尽可能减少生活垃圾吧！

☆ 减少生活垃圾

第①招：树立绿色、低碳生活理念，养成物尽其用、减少废弃物的文明行为。

树立绿色，低碳生活！

第②招：拒绝购买过度包装产品，选购无包装、简易包装、大容量包装产品。

第③招：少用或不用一次性产品，减少废弃物。

第④招：选购和使用再生材料制品。

第⑤招：适量点餐，节约粮食、减少浪费、减少餐厨垃圾。

☆ 减少塑料垃圾

在日常生活中，塑料垃圾占生活垃圾的14%。塑料的原料主要来自不可再生的煤、石油等矿物能源，中国每年塑料废弃量超过100万吨，废弃的塑料袋不仅造成了资源的巨大浪费，而且使垃圾量剧增。众所周知，塑料袋自然腐烂需要200年，烧掉又产生有害气体，严重危害生态环境。因此，自2008年6月1日起，在所有超市、商场、集贸市场等商品零售场所实行塑料购物袋有偿使用制度，一律不得免费提供塑料购物袋。

为了减少塑料垃圾，可以采用以下招式。

第①招：购物前最好自备购物袋，避免使用塑料袋。

第②招：塑料袋可重复使用。对于已经带回家的使用过的塑料购物袋不要立即扔到垃圾堆，而应仔细收起来，以备下次使用。在洗碗池下边放两个小篮子，把买东西带回来的塑料包装袋用手卷起来，干净的放在一个篮子里，不很干净的丢在另一个篮子里，干净的可以继续使用，弄脏了的则可以装垃圾，不必再买专用的垃圾塑料袋，这样既减少了塑料袋的使用量，又减少了对环境的污染。

第③招：购外卖时尽量自备餐盒，不要用发泡饭盒。

低碳小贴士

据《全民节能减排手册》计算，少生产1个塑料袋可以节约0.04克标准煤，减少排放0.1克二氧化碳；如果每天全国都少用10%的塑料袋，就可以节约1.2万吨标准煤，减排二氧化碳3.1万吨。另据统计，如果全国减少30%的一次性筷子使用量，那么每年可相当于减少二氧化碳排放约31万吨。

☆ 减少纸张浪费

全国每年造纸消耗木材1 000万立方米，进口木浆130多万吨，进口纸张400多万吨，节约用纸可以保护森林、河流。在日常生活中，纸张占家居垃圾总量的21%。

为了减少纸张浪费，可以采用以下招式。

第①招：用手帕代替纸巾。建议家庭重新使用毛巾和手帕，减少纸巾的使用数量。用手帕代替纸巾，每人每年可减少耗纸约0.17千克，节能0.2吨标准煤，相应减排二氧化碳0.57千克。如果全国每年有10%的纸巾使用改为用手帕代替，那么可减少耗纸

约 2.2 万吨，节能 2.8 万吨标准煤，减排二氧化碳 7.4 万吨。

第②招：多使用网络功能。现在网络功能逐渐完善，查账、转账、缴费等这些生活琐事，运用网络节省的能源相当惊人。以中国台湾电信为例，将一户所使用不同服务的账单合成一份，节省印账单与邮寄运送，或是完全不邮寄，改为上网查询账单。现在一年减少了 9 000 万张电信账单，等于一年少砍 8 000 多棵树。

第③招：用电子书刊代替印刷书刊。如果将全国5%的出版图书、期刊、报纸用电子书刊代替，每年可减少耗纸约 26 万吨，节能 33.1 万吨标准煤，相应减排二氧化碳 85.2 万吨。

第④招：教科书重复利用。减少一本新教科书的使用，可以减少耗纸约 0.2 千克，节能 0.26 千克标准煤，相应减排二氧化碳 0.66 千克。如果全国每年有 1/3 的教科书得到循环使用，那么可减少耗纸约 20 万吨，节能 26 万吨标准煤，减排二氧化碳 66 万吨。

第⑤招：不用贺年卡，拒收随处散发的无用的宣传品、小广告。

☆ 不用一次性产品

在日常生活中应尽可能少使用一次性用品，多使用耐用品，对物品进行多次利用，具体地说应该从如下几方面入手。

1. 尽可能少使用一次性牙刷，选择可换牙刷头的牙刷。

2. 选择使用可换刀片的剃须刀。

3. 选择使用可换芯圆珠笔。

4. 少用一次性桌布，尽量选择采用纺织材料的桌布。

5. 用传统的手绢代替纸巾。

6. 在外吃饭时，尽量不使用一次性用品，尤其是一次性筷子。

低碳小贴士

一次性筷子，是日本人发明的，日本的森林覆盖率高达65%，但他们却不砍伐自己国土上的树木来做一次性筷子，全靠进口。中国的森林覆盖率不到14%，却是出口一次性筷子的大国。中国北方的一次性筷子每年要向日本和韩国出口150万立方米，减少森林蓄积200万立方米。

☆ 选用无包装或大包装产品

不少商品特别是化妆品、保健品的包装费用已占到成本的30% ～ 50%。过度包装既浪费资源又污染环境，同时也增加了自己的消费成本。注意购买简单包装的产品，既可减少包装生产过程中的能量消耗，又可减少送往垃圾填埋地的垃圾。减少使用1千克过度包装纸，可节能约1.3千克标准煤，相应减排二氧化碳3.5千克。如果全国每年减少10%的过度包装纸用量，那么可节能约120万吨，减排二氧化碳312万吨。

选择无包装或大包装的产品，可采用以下招式。

第①招：购买商品时，简单包装就可满足需要的，就不要买过度包装的商品。

第②招：购买散装水果、蔬菜，减少购买有包装的水果、蔬菜。

第③招：尽量减少饮用塑料瓶装水。

第④招：家庭常用的消费品，应该尽量用大瓶或者大袋。

低碳小贴士

商店购物等日常生活行为中，简单包装就可满足需要，使用过度包装既浪费资源又污染环境。减少使用1千克过度包装纸，可节能约1.3千克标准煤，相应减排二氧化碳3.5千克。如果全国每年减少10%的过度包装纸用量，那么可节能约120万吨，减排二氧化碳312万吨。

☆ 电池节能

减少日常生活中所用电池的碳排放，可采用以下招式。

第①招：尽量选择和使用可充电电池。我们日常所用的普通干电池都含有各种金属物质，电池废弃后，这些重金属物质会逐渐渗入到水体和土壤，造成污染。中国电池的年产量高达140亿节，消费约100亿节，占世界总量的1/3。以全国13亿人口计算，假设每年每人用6节电池，那么这些电池可以污染46 800亿立方米的水，相当于中国全年径流总量的1.73倍，也可使7 800平方千米土地失去利用价值。

第②招：选择环保电池。选购有“国家免检”、“中国名牌”标志的电池产品和地方名牌电池产品，应选购包装精致、外观整洁，无漏液迹象的电池。电池商标上应标明生产厂名、电池极性、电池型号、标称电压等；销售包装上应有中文厂址、生产日期和保质期或标明保质期的截止期限、执行标准的编号。购买碱性锌锰电池时，应看型号有无 ALKALINE 或 LR 字样。由于电池中的汞对环境有害，为了保护环境，在购买时应选用商标上标有“无汞”、“0% 汞”、“不添加汞”字样的电池。

第③招：电池省电方法。①电器和电池接触件应清洁，必要时用湿布擦净，待干燥后按极性标示正确装入。②干电池可交替间歇使用。③应同时更换一组电池中所有电池，新旧电池不要混用；同一种型号但不同牌号的电池不要混用。④不能通过加热或充电方式使一次性电池再生，否则有可能发生爆炸。⑤用电器具长期不用时应及时取出电池，使用后应关闭电源。⑥对于不用的干电池可放在塑料袋中送入电冰箱里保存。

第④招：充分利用电池。干电池可以排序循环使用，大件电器上用过的电池可以放在小件电器上继续使用。

第⑤招：电池没电的应急方法。电池电力不足时，可以把电池取出来，用力捏捏，将外皮捏扁，或者放在暖气片上烤一会儿，或者在阳光底下晒半个小时到一个小时，再装回去可以继续使用一段时间。

第⑥招：废电池的环保处理。对废电池不要随意丢弃，尽可能与其他垃圾分开投放，以便于对废旧电池集中收集，进行回收利用，有效减少污染物质的排放。

低碳小贴士

据测定：一颗纽扣电池产生的有害物质能污染60万升水，等于一个人一生的饮水量，并可造成永久性公害；一节一号电池烂在地里，能使1平方米的土壤永久失去利用价值。若将废旧电池混入生活垃圾一起填埋，或者随手丢弃，渗出的汞及重金属物质就会渗透于土壤、污染地下水，进而进入鱼类、农作物中，破坏人类的生存环境。这些有毒物质再通过农作物进入人的食物链，在人体内会长期积累难以排除，损害人的机体，甚至致癌。

☆ 做好垃圾分类

生活中要做好垃圾分类，关键是做好厨房与客厅的垃圾分类。

一般情况下，垃圾要至少分为厨余垃圾和可回收垃圾，有害垃圾和其他垃圾特殊处理。

因此，我们在厨房、客厅至少要备两个垃圾桶，一个投有机垃圾，一个投可回收垃圾。如果有在卧室吃东西的习惯，就最好在卧室也备两个垃圾桶。

另外，家中也可以准备不同的垃圾袋，分别收集废纸、塑料、包装盒、厨房垃圾等。

家庭产生其他垃圾应采用单独的垃圾桶存放。

在家中已分类的垃圾，到小区后要投到相应的垃圾桶内。

☆ 生活垃圾处理招式

日常生活有很多废品都可以再利用，合理利用生活中的废品对于营造“低碳”的生活环境意义重大。一些毫不起眼的废物经过精心的设计，都可以变废为宝。

第①招：将喝过的茶叶晒干做枕头芯，不仅舒适，还能帮助改善睡眠。

第②招：鞋盒子可以做很多东西，墙上的装饰画，或者包装好放在家具里当置物盒。

第③招：有些果冻的包装袋有拉链，容积也比较大，可用作出差时的化妆袋。

第④招：喝完的饮料瓶子可以包装好当花瓶，透明的瓶子，可以养鱼，或者放点五颜六色的好看的纸屑，当装饰物。

第⑤招：一些酒瓶的造型十分独特，用来作花瓶比较合适，可以买一些干花插在里面就成了一件十分漂亮的装饰品。

第⑥招：糖纸也很漂亮，可以用来压在书里当书签。

第⑦招：小的瓶瓶罐罐，可以当置物盒、首饰盒，放点针线或小零碎物体。

第⑧招：折叠伞的伞套可以用来存放卷好的袜子，大小非常合适。如果需要透气，只需剪几个透气孔即可。

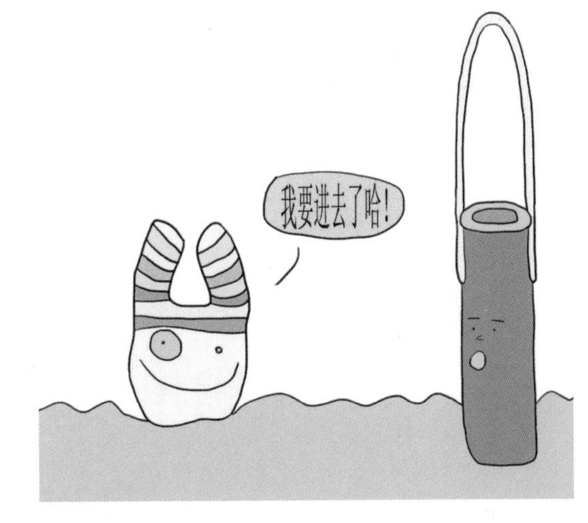

第⑨招：用过的面膜纸也不要扔掉，用它来擦首饰、擦家具的表面或者擦皮带，不仅擦得清亮还能留下面膜纸的香气。

第⑩招：将废旧的报纸整理干净，铺垫在衣橱的最底层，报纸不仅可以吸潮，还能吸收衣柜中的异味。